SCIENCE & KIDS

Das geniale
FORSCHERBUCH

MINTeraktiv zum Eintragen, Forschen & Entdecken

arsEdition

MATHEMATIK 4

INFORMATIK 28

NATURWISSEN-SCHAFTEN 48

TECHNIK 82

MATHEMATIK

Wozu brauchen wir eigentlich Mathematik?

Mathematik ist überall um uns herum! Schon seit Jahrtausenden nutzen die Menschen Mathematik, um ihr Leben zu organisieren und besser zu verstehen.

Bauern und Viehhirten etwa mussten schon vor Hunderten von Jahren wissen, wie viele Tiere ihre Herde umfasst. Sie zählten jeden Abend, um festzustellen, ob alle Schafe zurück waren oder ein Tier verloren gegangen war. Zählen ist eine der grundlegendsten Formen der Mathematik.

Auch wollten die Menschen wissen, wie weit Entfernungen sind. Um das nächste Dorf oder den nächsten Hafen zu erreichen, mussten sie Strecke und Dauer in irgendeiner Form erfassen. War die nächste Siedlung einen Tagesritt entfernt? Oder 3000 Schritte?

Ohne Mathe geht nichts! Mathematik begegnet uns überall. Wenn du einkaufen gehst, musst du wissen, wie viel Geld du ausgeben kannst. Du zählst dein Taschengeld, rechnest aus, wie viel die Dinge kosten und was du dir leisten kannst.

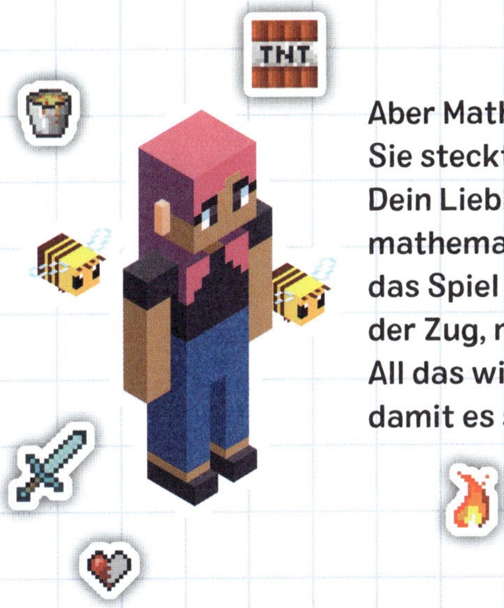

Aber Mathematik ist nicht nur beim Zählen und Messen nützlich. Sie steckt auch hinter vielen Dingen, die wir täglich benutzen. Dein Lieblingsspiel auf dem Handy? Die Programmierer haben mathematische Konzepte, sogenannte Algorithmen, genutzt, um das Spiel zu programmieren. Auch die Brücke, über die du gehst, der Zug, mit dem du fährst, oder das Haus, in dem du wohnst? All das wird auf Basis mathematischer Grundlagen entwickelt, damit es sicher ist und funktioniert.

Ein weiteres Beispiel ist die Musik! Wusstest du, dass auch Musik viel mit Mathematik zu tun hat? Die Töne und Rhythmen folgen bestimmten Mustern und Regeln, die sich mathematisch beschreiben lassen. Wenn du Gitarre spielst oder singst, benutzt du unbewusst Mathematik.

Mathematik hilft uns auch, die Welt besser zu verstehen. Mit Mathematik lässt sich herausfinden, wie das Wetter wird, wie Pflanzen wachsen und wie weit man mit einer Tankfüllung kommt.

Also, wenn du das nächste Mal über deinen Mathehausaufgaben brütest, denk daran, dass du dabei Fähigkeiten lernst, die dir in vielen Situationen nützlich sein werden. Mathematik ist nicht nur ein Schulfach – sie ist ein wichtiger Teil unseres Lebens!

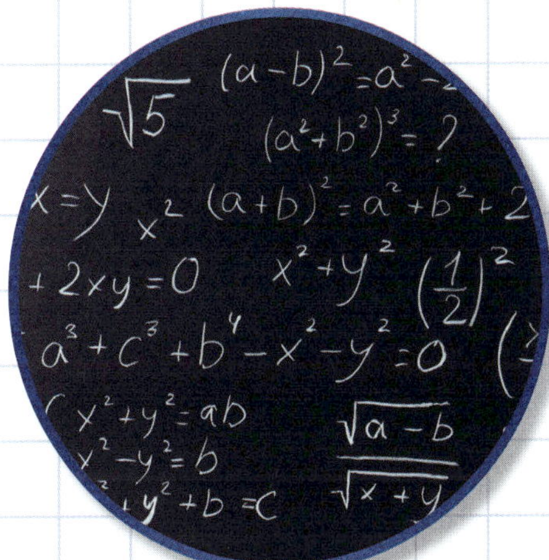

Zahlen

Wie zählen die Menschen?

Die arabischen Ziffern von 0 bis 9 kennst du bereits. Mit diesen 10 Zeichen lässt sich jede Zahl darstellen. Du findest sie auf Uhren, in Büchern und auf Preisschildern. Aber das war nicht immer so. In der Vergangenheit wurde oft ganz anders gezählt!

RÖMISCHE ZAHLEN

Im alten Rom benutzten die Menschen römische Zahlen. Diese Zahlen sehen anders aus als unsere heutigen Zahlen. Statt Ziffern benutzten sie Buchstaben:

I für 1
V für 5
X für 10
L für 50
C für 100
D für 500
M für 1000

Das sieht dann so aus:
IV steht für 4 (1 vor 5)
VI steht für 6 (5 plus 1)

Und das Jahr 2025 wird in römischen Zahlen so ausgedrückt:

MMXXV

also
1000 + 1000 + 10 + 10 + 5

Ausgestorben sind die römischen Zahlen aber nicht. Du siehst sie heute noch auf Kirchturmuhren, an alten Gebäuden oder in manchen Büchern als Nummerierung für Kapitel.

QUIPU

Die Inkas, die in den Anden in Südamerika lebten, hatten keine schriftlichen Zahlen. Stattdessen benutzten sie ein System namens Quipu. Ein Quipu bestand aus bunten Schnüren mit Knoten. Die Position und Anzahl der Knoten auf den Schnüren stellten verschiedene Zahlen dar. Auf diese Weise konnten die Inkas zählen und wichtige Informationen speichern, ohne Papier und Stift zu verwenden.

KEILSCHRIFT

In Mesopotamien, wo eine der frühesten Zivilisationen beheimatet war, benutzten die Menschen die Keilschrift. Die Schrift wurde auf Lehmtafeln geschrieben. Sie hatten ein Zahlensystem, das auf der Zahl 60 basierte, nicht auf 10 wie unser heutiges System. Die 1 und die 60 wurden durch verschiedene Symbole dargestellt, ähnlich wie wir heute die Ziffern 1 und 10 benutzen.

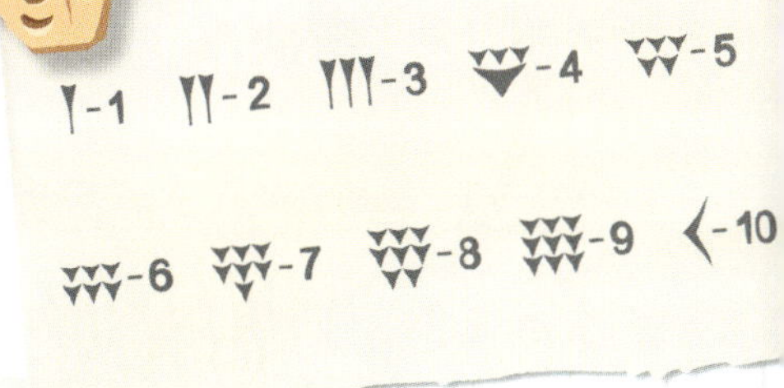

MITTELALTER: RÖMISCHE UND ARABISCHE ZAHLEN

Im Mittelalter benutzten die Menschen in Europa hauptsächlich römische Zahlen. Das änderte sich, als arabische Zahlen aus dem Nahen Osten nach Europa gelangten. Die arabischen Zahlen waren einfacher zu benutzen, besonders für große Berechnungen, und setzten sich nach und nach durch.

Übrigens: Die Null zählte anfangs nicht zu den arabischen Ziffern. Denn wo nichts ist, gibt es ja auch nichts zu zählen. Sie wurde vor etwa 1500 Jahren von einem indischen Mathematiker namens Brahmagupta erfunden. Er brauchte die Null, um Zahlen besser darzustellen und Berechnungen zu vereinfachen.

SCHÄTZ MAL!

Wie gut kannst du Mengen auf einen Blick erfassen?

Nimm ein Säckchen Murmeln oder große Perlen und lass dir von jemandem eine kleine Menge auf den Tisch legen. Wie viele Murmeln kannst du auf einen Blick erfassen? Ab welcher Menge fängst du an zu zählen?

1 Murmel	erkannt
2 Murmeln	erkannt
3 Murmeln	
4 Murmeln	
5 Murmeln	
6 Murmeln	
.	
.	
.	
.	
.	
12 Murmeln	nicht erkannt, aber gut geschätzt!

ZahlenRÄUME

In der Mathematik gibt es verschiedene Zahlenräume, die wir verwenden, um unterschiedliche Arten von Zahlen zu beschreiben. Einige dieser Zahlenräume sind dir sicherlich schon einmal begegnet.

Trage die richtige Zahl ein und den Zahlenraum, zu dem sie gehört.

	Zahl	Zahlenraum
	5	N

NATÜRLICHE ZAHLEN

NATÜRLICHE ZAHLEN sind die Zahlen, die wir zum Zählen benutzen, wie 1, 2, 3 und so weiter. Sie sind die ersten Zahlen, die wir als Kinder lernen. Wenn du Gummibärchen oder Bälle zählst, benutzt du die Menge der natürlichen Zahlen.

ℕ

GANZE ZAHLEN

Die Menge der GANZEN ZAHLEN umfasst auch die negativen Zahlen und die Null, wie −3, 0 und 7.

Auch negative Zahlen sind dir im Alltag schon öfter begegnet. Bevor du an einem kalten Wintertag das Haus verlässt, wirfst du einen Blick auf das Thermometer. Und das zeigt an kalten Tagen Minusgrade an: Bei minus 8 Grad weißt du, dass du dich mit Mütze und Handschuhen ausrüsten solltest.

Ein anderes Beispiel für Minuszahlen? Dir ist das Taschengeld ausgegangen und du leihst dir von deiner Schwester 5 Euro. Dann beträgt dein Kontostand minus 5. Eine negative Zahl also.

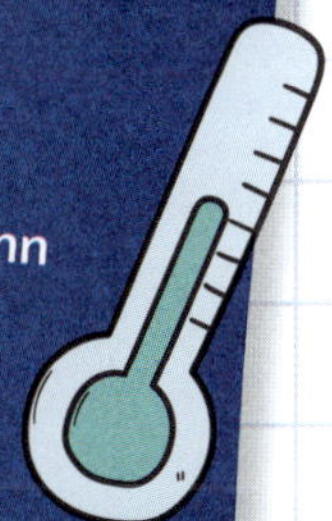

ℤ

RATIONALE ZAHLEN

RATIONALE ZAHLEN sind alle Zahlen, die als Bruch geschrieben werden können, wie 1/2 oder 3/4. Sie helfen uns, Teile eines Ganzen zu beschreiben, wie ein halber Apfel oder ein Viertel einer Pizza.

Sie können auch als Kommazahl geschrieben werden, wie 0,5 Äpfel oder 0,75 Liter.

ℚ

IRRATIONALE ZAHLEN

IRRATIONALE ZAHLEN sind Zahlen, die nicht als einfacher Bruch geschrieben werden können. Ein bekanntes Beispiel ist die Kreiszahl Pi (π). Vereinfacht geschrieben ist Pi 3,14. Aber Pi besitzt hinter dem Komma unendlich viele Stellen, ohne dass sich die Reihenfolge der Ziffern wiederholt.

Ein Einblick gefällig?

$\pi = 3{,}141592653589793$..........

π $\sqrt{2}$

$\mathbb{R} \setminus \mathbb{Q}$

Maße

Für alle, die es ganz genau wissen wollen!

Maßeinheiten sind Werkzeuge, die uns helfen, die Welt um uns herum zu beschreiben und zu verstehen. Einige davon kennst du schon: Längen und Entfernungen messen wir in Metern und Kilometern, Gewichte in Gramm und Kilogramm, Flüssigkeiten in Litern. Es gibt auch Maßeinheiten für die Zeit, für die Temperatur oder für die Geschwindigkeit.

Aber warum messen wir überhaupt? Messen hilft uns, Dinge genau zu vergleichen und zu verstehen. Ohne Maßeinheiten könnten wir nicht sagen, wie heiß es draußen ist, wie schwer ein Rucksack ist oder wie lange eine Schulstunde dauert. Maßeinheiten sind wie eine gemeinsame Sprache, die es uns ermöglicht, genaue Informationen zu teilen.

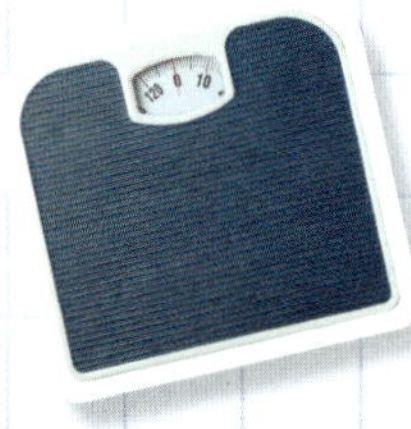

Länge: Zentimeter > Meter > Kilometer

Gewicht: Gramm > Kilogramm > Tonnen

Zeit: Sekunden > Minuten > Stunden

Temperatur: Grad Celsius

Geschwindigkeit: Kilometer pro Stunde

Volumen: Liter > Kubikmeter

Fläche: Quadratmeter > Hektar

Heute verwenden wir einheitliche Maßeinheiten, damit jeder auf der Welt dieselbe Sprache spricht, wenn es ums Messen geht. Das *metrische* System, das Meter, Kilogramm und Liter umfasst, wird überall auf der Welt benutzt.

SO WURDE FRÜHER GEMESSEN

Die alten Ägypter verwendeten die Königliche Elle, die der Länge eines Armes entsprach. Im Mittelalter benutzten Menschen ihre Füße, um Entfernungen zu schätzen, daher kommt die Maßeinheit Fuß. Es war jedoch schwierig, präzise zu messen, da die Maße von Person zu Person natürlich unterschiedlich waren.

Für die Geschwindigkeit auf dem Wasser benutzen Seefahrer die Einheit Knoten. Ein Knoten entspricht einer Seemeile pro Stunde. Früher warfen sie ein Seil mit Knoten ins Wasser und zählten, wie viele Knoten in einer bestimmten Zeit durch ihre Hände glitten.

Eine weitere Maßeinheit aus der Vergangenheit ist die Beaufort-Skala. Diese Skala misst die Windstärke. Sie wurde von Sir Francis Beaufort im 19. Jahrhundert erfunden und half den Seefahrern, die Windgeschwindigkeit durch ihre Auswirkungen auf das Meer und die Umgebung zu beschreiben.

Miss folgende Dinge ab. Überlege, welche Methoden und Hilfsmittel dich zum Ziel führen, und trage das Ergebnis ein.

	Methode	Ergebnis
Dein Gewicht	Personenwaage	40 kg
Die Breite deines Bettes		
Die Außentemperatur		
Den Inhalt deiner Trinkflasche		
Benötigte Zeit, um dein Zimmer aufzuräumen		
Den Umfang eines Fußballs		

Rechnen

Warum wir jeden Tag addieren und subtrahieren

Addieren und subtrahieren sind wichtige Fertigkeiten, die im Alltag ständig vorkommen. Wenn du zwei oder mehr Dinge zusammenzählst, dann addierst du.

Vermutlich hast du sogar schon addiert, bevor du in die Schule gekommen bist. Addieren hilft uns zu verstehen, wie viele Dinge wir insgesamt haben. Willst du wissen, wie viele Süßigkeiten du an Halloween gesammelt hast, musst du alle Süßigkeiten aus deinen verschiedenen Taschen zusammenzählen. Subtrahieren wiederum zeigt dir, wie viele weggekommen sind, egal ob aufgegessen oder verloren.

GANZE ZAHLEN

Stell dir vor, du hast drei Donuts und deine Freundin gibt dir zwei weitere. Um herauszufinden, wie viele Donuts du jetzt insgesamt hast, musst du die beiden Zahlen zusammenzählen: **3 + 2 = 5.**

Kurz darauf schleicht sich dein Bruder ins Zimmer und schnappt sich einen Donut. Nun musst du subtrahieren:

5 - 1 = 4.

Manchmal führst du diese Rechenoperationen sogar aus, ohne es zu merken. Wenn du die Punkte oder Tore in einem Spiel zusammenzählst, um zu sehen, wer gewonnen hat, addierst du. Wenn deine Figur in einem Brettspiel einige Felder zurückmuss, subtrahierst du.

SCHLAUER RECHNEN MIT GAUSS

Carl Friedrich Gauß (1777–1855) war ein berühmter deutscher Mathematiker. Schon als kleines Kind zeigte er ein unglaubliches Talent für Zahlen. Als er 7 Jahre alt war, stellte sein Lehrer eine Aufgabe, die ihn und seine Mitschüler lange beschäftigen sollte, nämlich alle Zahlen von 1 bis 100 zu addieren. Aber Friedrich löste die Aufgabe blitzschnell!

Statt die Zahlen einzeln zusammenzuzählen, entdeckte er einen cleveren Trick: Er erkannte, dass man die Zahlen in Paare aufteilen kann, die zusammen immer 101 ergeben. Zum Beispiel: 1 + 100, 2 + 99, 3 + 98 und so weiter. Es gibt 50 solcher Paare, und jedes ergibt 101. Also multiplizierte er einfach 101 mit 50 und bekam das Ergebnis 5050.

Verwende den Trick von Gauß und addiere die Zahlen von 1 bis 10! Addiere die erste Zahl und die letzte Zahl, dann die zweite Zahl und die vorletzte Zahl und arbeite dich von außen nach innen durch. Es kommt immer die gleiche Summe heraus. Multipliziere die Summe mit der Anzahl der Paare – und schon hast du das Ergebnis!

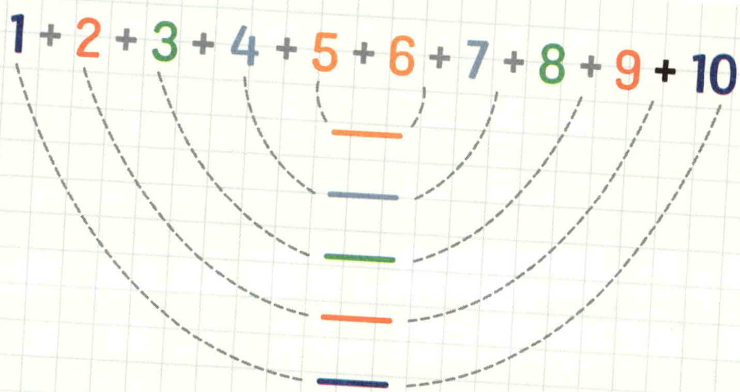

Ergebnis: ______ · ______ = ______
Summe · Pärchen

Lösung: 5 x 11 = 55

Rechnen

Was sind Brüche?

Geteilt haben wir alle schon mal! Hast du dir schon einmal mit Geschwistern oder Freunden eine Pizza geteilt? Bei einem Kartenspiel die Karten verteilt? Dann bist du fast schon Experte.

Teilen heißt mathematisch ausgedrückt *dividieren*, aber auch *geteilt rechnen* oder *geteilt durch rechnen*.

Mit dem Symbol **:** wird eine Zahl oder eine Sache in gleich große Teile geteilt. Und das mit den gleich großen Teilen ist wichtig: Denn wenn ein Kind ein weniger großes Teil von einer Sache abbekommt, wurde nicht gerecht geteilt.

BEIM DIVIDIEREN GEHT ES IMMER ABSOLUT GERECHT ZU!

BRÜCHE

Brüche begegnen uns jeden Tag. Du kaufst beim Bäcker ein halbes Brot? Ihr bestellt im Restaurant einen halben Liter Wasser? Du teilst dir mit deinen Gästen den Geburtstagskuchen?

Brüche sind kleine Teile eines Ganzen! Wir brauchen Brüche, wenn wir etwas teilen, was sich mit ganzen Zahlen nicht beschreiben lässt.

Nimm ein DIN-A4-Blatt, falte es zusammen und schneide es entlang der gefalteten Kante auseinander. Wiederhole den Vorgang, so oft es geht!

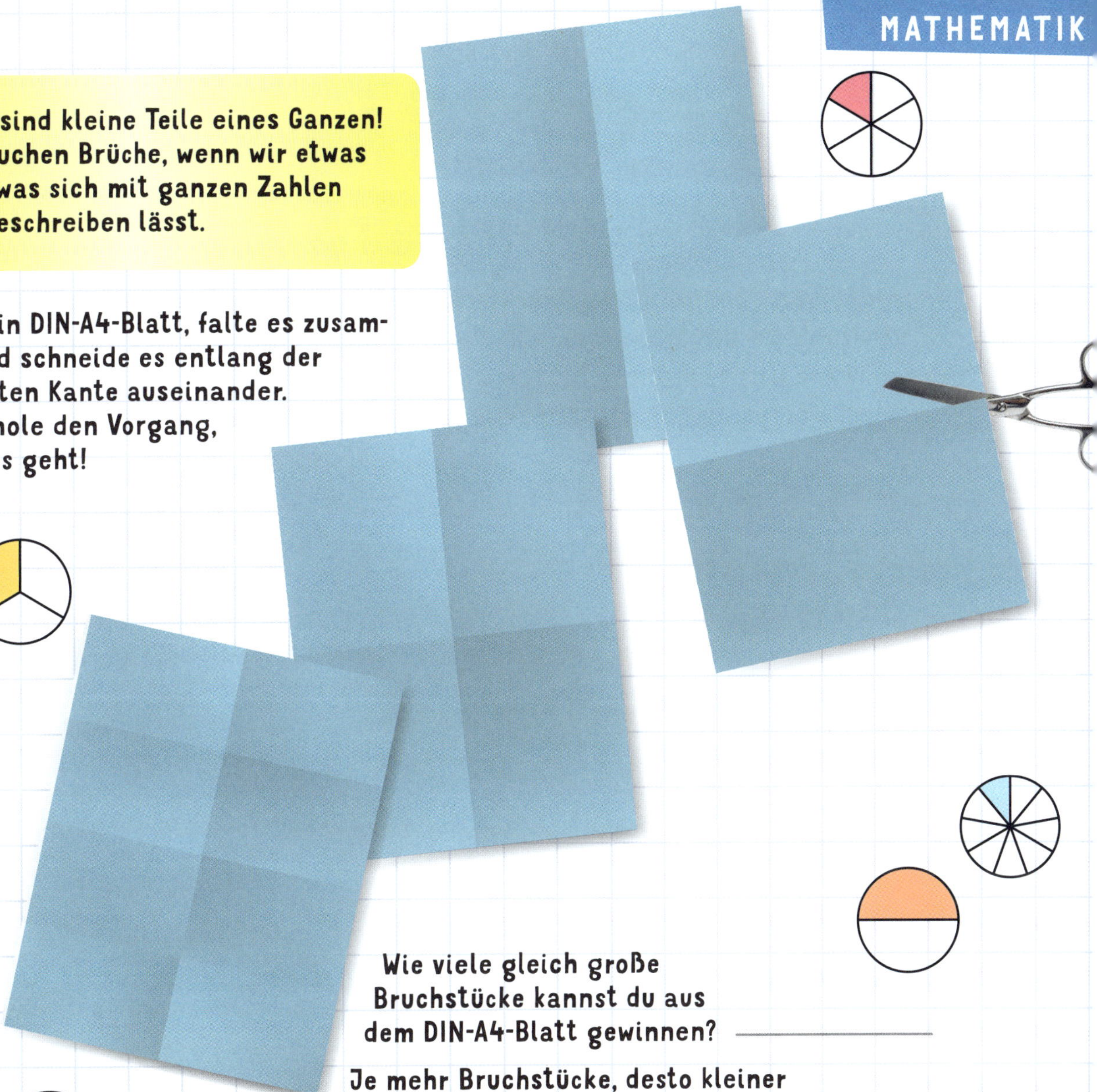

Wie viele gleich große Bruchstücke kannst du aus dem DIN-A4-Blatt gewinnen? ______

Je mehr Bruchstücke, desto kleiner werden die Papierteile.

Im ersten Schritt, wenn du das Papier halbierst, bekommt du zweimal ½. Dann viermal ¼, achtmal 1/8 und so weiter.

Geometrie

Geometrische Formen

Geometrische Formen wie Dreiecke, Kreise, Rechtecke oder Quadrate sind wichtige Bausteine in der Mathematik. Eine Form ist flach und hat nur zwei Dimensionen: Länge und Breite. Ein Kreis oder ein Quadrat sind Beispiele für Formen, die du auf Papier zeichnen kannst.

Diese Formen sind überall, sieh dich mal um! Eine Tischplatte oder ein Fenster besitzen die Form eines Rechtecks, ein Pizzastück gleicht einem Dreieck mit einer gebogenen Seite und der Fahrradreifen einem Kreis. Auch einem Fußballfeld oder einem Parcours liegen geometrische Formen zugrunde.

Wirf einen Blick in die Runde. Trage Gegenstände ein, die eine geometrische Form besitzen. Welche Form ist das?

GEGENSTAND	FORM
Spiegel	Rechteck

Geometrische Formen helfen uns, Dinge in der Welt zu beschreiben und zu berechnen. Egal, ob du ein Haus zeichnest oder einen Ball beschreibst, du benutzt immer geometrische Formen!

Auch wenn es um den Bau von Häusern geht, um die Planung von Straßen und Städten oder technische Konstruktionen wie Brücken und Maschinen, sind geometrische Formen von enormer Bedeutung. Sogar Künstler verwenden geometrische Formen, um Bilder und Skulpturen zu gestalten.

SO WERDEN FLÄCHEN BERECHNET:
Aus wie vielen Punkten besteht die Fläche?

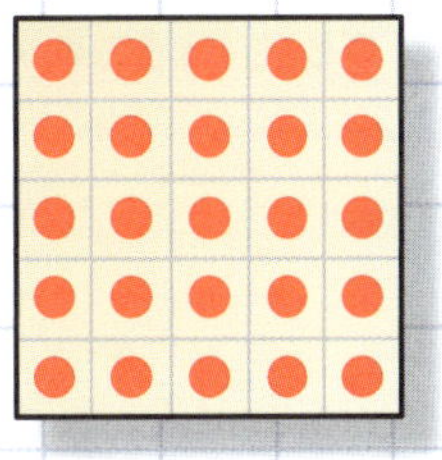

Natürlich kannst du die Punkte einzeln abzählen.
Aber es geht auch viel einfacher!

Die mathematische Formel lautet: Länge x Breite

Zähle die Punkte auf der kurzen Seite und auf der langen Seite. Multipliziere die beiden Zahlen miteinander. Schon hast du das Ergebnis!

Diese Methode ist sehr praktisch, wenn große Flächen wie Grundstücke oder Wandflächen vermessen werden.

_____ X _____ = _________

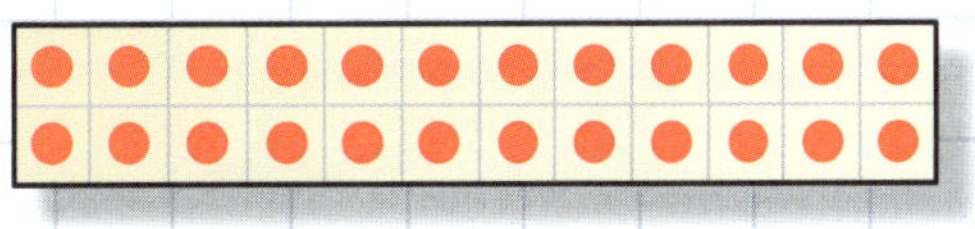

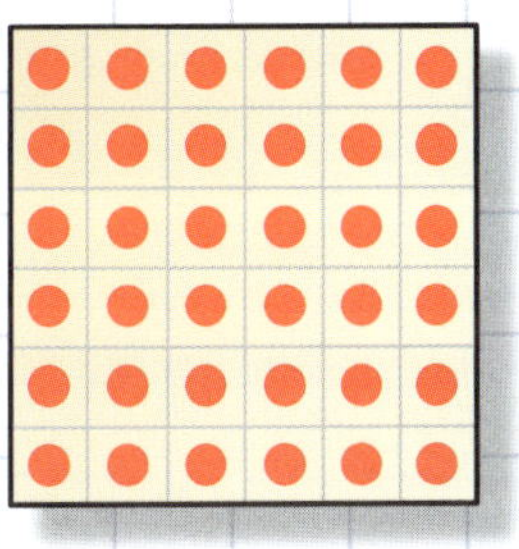

_____ X _____ = _________

Lösung: 2 x 12 = 24, 6 x 6 = 36

Geometrie

Körper

Anders als eine Form besitzt ein Körper drei Dimensionen: Länge, Breite und Höhe, wie ein Würfel oder eine Saftpackung, die du in die Hand nehmen kannst. Dreidimensional bedeutet, dass ein Gegenstand Tiefe hat und sich von allen Seiten betrachten lässt. Auch unsere Körper sind dreidimensional, während eine platt gefahrene Ameise nur noch eine Form darstellt.

Eine dreidimensionale Figur besitzt ein Volumen, das sich berechnen lässt. Die mathematische Formel hierfür lautet: Länge x Breite x Höhe = Volumen

Die mathematische Berechnung von Körpern ist wichtig, weil sie uns hilft, Dinge zu verstehen und zu konstruieren. Wie baut man ein stabiles Haus, eine Brücke oder einen Schrank? Wie viel Kuchenteig passt in eine Backform?

Teste dein räumliches Vorstellungsvermögen. Wie viele Ecken, wie viele Kanten und wie viele Flächen besitzen die Körper?

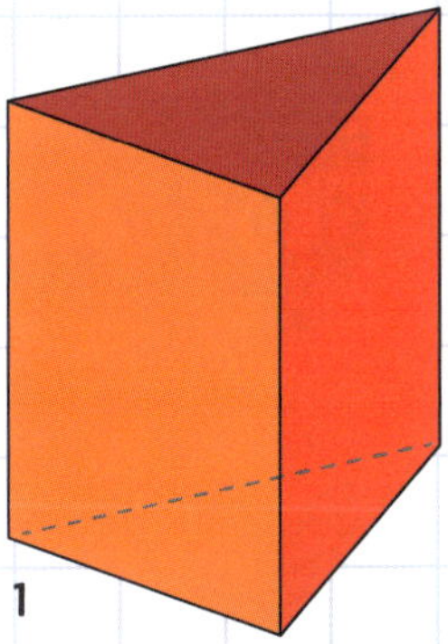

1

Ecken: ______

Kanten: ______

Flächen: ______

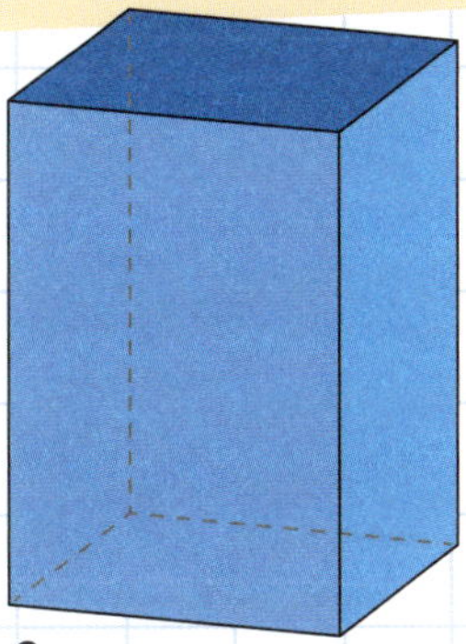

2

Ecken: ______

Kanten: ______

Flächen: ______

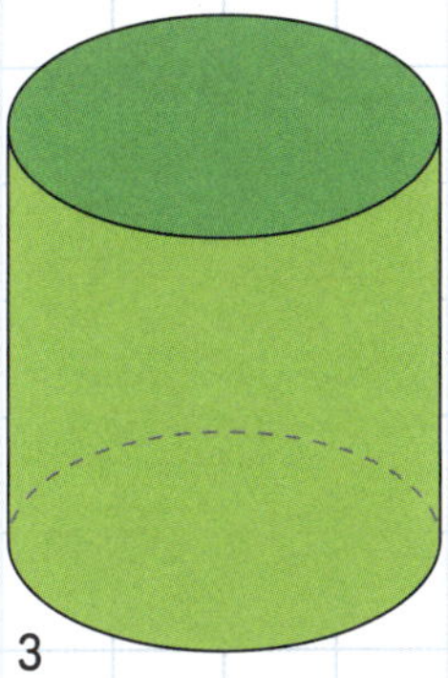

3

Ecken: ______

Kanten: ______

Flächen: ______

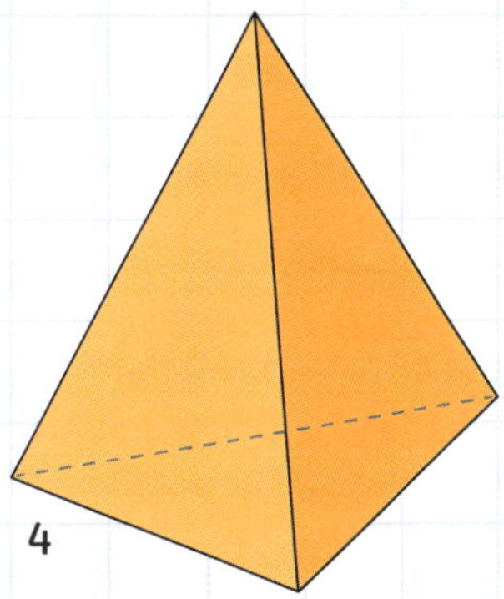

4

Ecken: ______

Kanten: ______

Flächen: ______

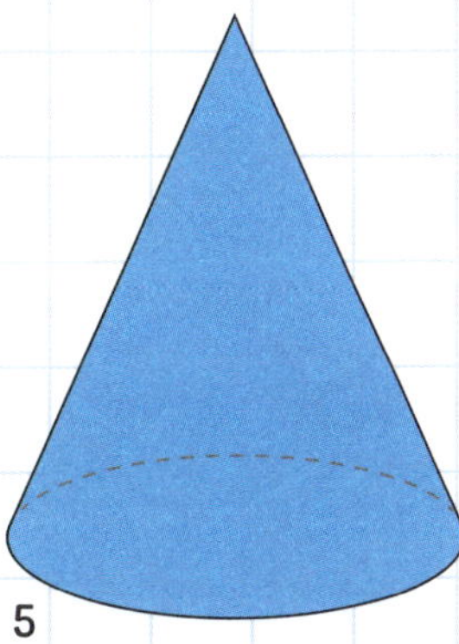

5

Ecken: ______

Kanten: ______

Flächen: ______

Lösung: Figur 1 (Prisma): Ecken: 6, Kanten: 9, Flächen: 5, Figur 2 (Quader): Ecken: 8, Kanten: 12, Flächen: 6, Figur 3 (Zylinder): Ecken: 0, Kanten: 2 Flächen: 3, Figur 4 (Pyramide): Ecken: 4, Kanten: 6, Flächen: 4, Figur 5 (Kegel): Ecken: 1, Kanten: 1, Flächen: 2

Geometrie

Achssymmetrie

Eine Symmetrieachse ist eine Linie, die eine Form in zwei gleiche Hälften teilt. Jede Hälfte ist das exakte Spiegelbild der anderen Hälfte.

Wenn du ein Blatt Papier in der Mitte faltest und beide Seiten genau übereinanderpassen, hast du eine Symmetrieachse gefunden. Viele Dinge in der Natur, zum Beispiel Laubblätter, Schmetterlinge oder Blumen, besitzen Symmetrieachsen. Sie sehen auf beiden Seiten gleich aus.

Um ein symmetrisches Herz zu schneiden, falte ein Blatt Papier in der Mitte, sodass die Kanten genau aufeinanderliegen. Zeichne auf der gefalteten Seite die Hälfte eines Herzens, die an der Faltkante beginnt und endet. Schneide entlang der gezeichneten Linie, öffne das Papier – und du hast ein perfektes, symmetrisches Herz!

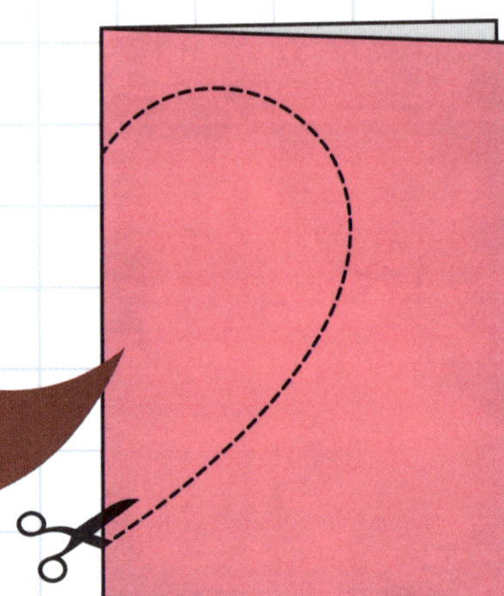

In der Mathematik und in der Kunst ist Symmetrie wichtig. Sie hilft uns, Muster zu erkennen und Designs zu kreieren, die wir als schön und harmonisch empfinden.

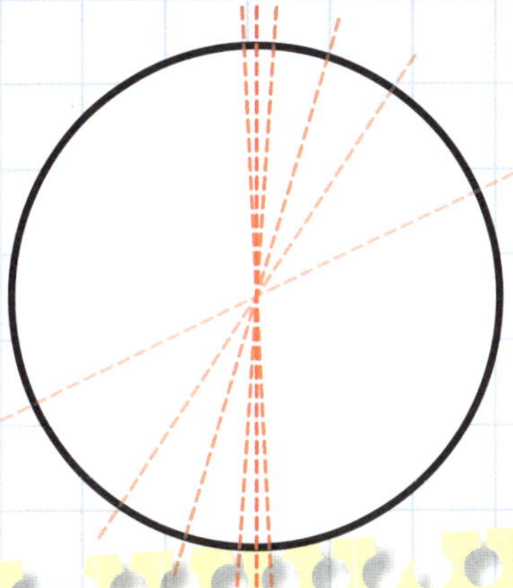

Ein Sonderfall ist der Kreis. Ein Kreis hat unendlich viele Symmetrieachsen, weil du ihn überall durch die Mitte teilen kannst, und beide Seiten immer gleich aussehen.

WELCHE BILDER SIND SYMMETRISCH?

Ja ☐ Nein ☐

Ja ☐ Nein ☐

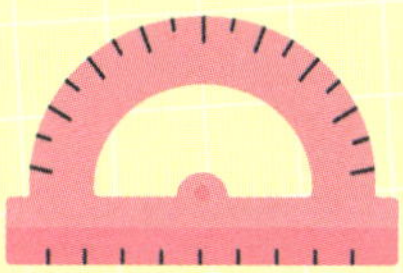

Ja ☐ Nein ☐

Ja ☐ Nein ☐

Ja ☐ Nein ☐

Ja ☐ Nein ☐

Ja ☐ Nein ☐

Ja ☐ Nein ☐

Lösung: nicht symmetrisch: Spirale, Hund

Wahrscheinlichkeit

Alles Zufall?

Du hast eine gute Mathenote geschrieben? Du hast beim Würfelspiel gewonnen? Im ersten Fall hast du eine tolle Leistung gezeigt, doch im zweiten Fall hattest du einfach nur Glück!

Die Wahrscheinlichkeitsrechnung befasst sich mit zufälligen Ereignissen. Dieser Bereich der Mathematik hilft uns, vorherzusagen, mit welcher Wahrscheinlichkeit bestimmte Ereignisse eintreten.

STELL DIR VOR, DU WÜRFELST.

Ein Würfel hat sechs Seiten, auf jeder Seite ist eine Zahl von 1 bis 6. Wenn du würfelst, weißt du nicht, welche Zahl oben liegen wird – das ist der Zufall. Aber du kannst sagen, dass jede Zahl die gleiche Chance hat, zu erscheinen, nämlich 1 von 6.

KOPF ODER ZAHL?

Ein weiteres Beispiel ist das Werfen einer Münze. Welche Seite oben landet, unterliegt dem Zufall.

Es ist wie beim Würfeln: Alle Ergebnisse haben die gleiche Chance, dass sie eintreten können.

In der Mathematik verwenden wir Wahrscheinlichkeiten, um zu verstehen, wie oft etwas passieren könnte, wenn wir es viele Male wiederholen. Wenn du zum Beispiel 100-mal würfelst, wirst du ungefähr 16- oder 17-mal eine 1 bekommen, weil die Wahrscheinlichkeit 1 zu 6 ist.

Doch auch in unserem Alltag spielen Wahrscheinlichkeiten eine wichtige Rolle. Meteorologen verwenden Mathematik, um zu berechnen, mit welcher Wahrscheinlichkeit es morgen regnen wird. Sie schauen sich an, wie oft es in der Vergangenheit bei ähnlichen Bedingungen geregnet hat, um eine Vorhersage zu treffen.

Versicherungsgesellschaften arbeiten mit Wahrscheinlichkeiten, um Risiken zu berechnen. Sie analysieren große Datenmengen, um die Wahrscheinlichkeit von Unfällen, Krankheiten oder Naturkatastrophen zu bestimmen.

Wahrscheinlichkeit ist also ein Weg, den Zufall zu verstehen und vorherzusagen, was passieren könnte.

Kreuze an, mit welcher Wahrscheinlichkeit die Vorhersage eintritt:

	sicher	wahrscheinlich	möglich	unwahrscheinlich	unmöglich
Ich angle einen roten Fisch. 	○	○	○	○	○
Ich angle einen blauen Fisch. 	○	○	○	○	○
Ich angle einen roten Fisch. 	○	○	○	○	○
Ich angle einen blauen Fisch. 	○	○	○	○	○
Ich angle einen roten Fisch. 	○	○	○	○	○

Lösung: möglich, wahrscheinlich, sicher, unwahrscheinlich, unmöglich

Exponentielles Wachstum

Wenn Zahlen ganz schnell groß werden

Eine Exponentialfunktion zeigt, wie schnell etwas wächst, wenn es immer wieder mit derselben Zahl multipliziert wird. Je größer die Zahl wird, desto schneller wächst sie weiter. Sie startet klein, aber wird schnell sehr groß!

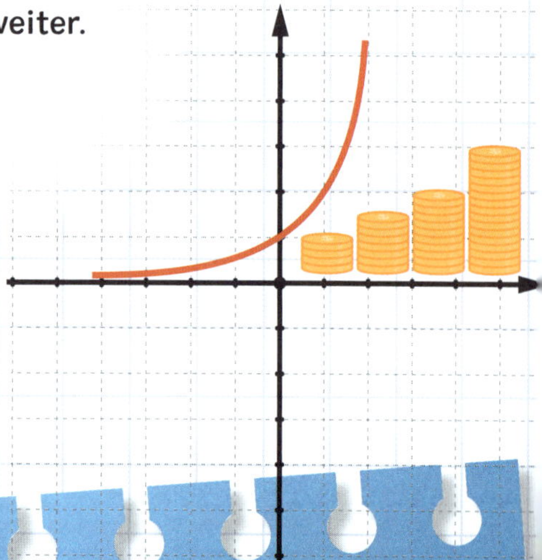

Starte mit der Zahl 2 und multipliziere sie immer wieder mit 2. Bei jedem weiteren Schritt verdoppelt sich das Ergebnis!

$2 \times 2 = 4$

$2 \times 2 \times 2 = 8$

$2 \times 2 \times 2 \times 2 = 16$

$2 \times 2 \times 2 \times 2 \times 2 = 32$

$2 \times 2 \times 2 \times 2 \times 2 \times 2 = 64$

× × × × × × =

Exponentialfunktionen sind in der Mathematik sehr wichtig, weil sie uns helfen, große Zahlen und schnelle Wachstumsprozesse zu verstehen. Sie werden in der Wissenschaft, in der Wirtschaft und auch bei Computerspielen verwendet.

Ein Beispiel hierfür ist der Zinseszins auf ein Sparguthaben oder die Ausbreitung von Viren. Auch Tiere wie Kaninchen können sich »schlagartig« vermehren, wenn sie keine natürlichen Feinde haben und ausreichend Futter zur Verfügung steht.

Für unser Gehirn ist die exponentielle Vermehrung nur schwer vorstellbar. Ein berühmtes Beispiel für eine Exponentialfunktion ist die Erzählung vom Bauern, dem Schachbrett und den Reiskörnern.

Der Legende nach war der indische König so begeistert vom Schachspiel, dass er dem Erfinder des Spiels, einem armen Bauern, einen Wunsch gewährte. Der Bauer wünschte sich Reiskörner auf einem Schachbrett, wobei die Anzahl der Körner auf jedem Feld verdoppelt werden sollte. Der König, beeindruckt von der scheinbaren Bescheidenheit des Mannes, stimmte zu. Doch bald wurde ihm mitgeteilt, dass diese riesige Menge an Reiskörnern unmöglich beschafft werden konnte.

Was glaubst du, wie viele Reiskörner er am Ende bekommen hätte? Mehr als 18 Trillionen – das ist eine 18 mit 18 Nullen! So viele Reiskörner passen natürlich auf kein Schachbrett der Welt.

18446744073709551615 Reiskörner!

Nicht vorstellbar? Dann probiere es aus. Nimm dir ein Schachbrett und eine Tüte Reis und spiele das Experiment nach. Beginne mit einem einzelnen Reiskorn und verdopple die Anzahl dann Feld für Feld.

Wie weit kommst du?

Besondere Zahlen

π

Die Zahl Pi zählt zu den Superstars der Mathematik! Sie spielt eine zentrale Rolle, wenn es um die Berechnung von Kreisen, Ellipsen oder anderen runden Formen geht. Der Umfang eines jeden Kreises, egal ob groß oder klein, ist immer etwa 3,14-mal so lang wie sein Durchmesser! Die Zahl Pi hat nach dem Komma unendlich viele Stellen und wird mit dem griechischen Buchstaben π dargestellt.

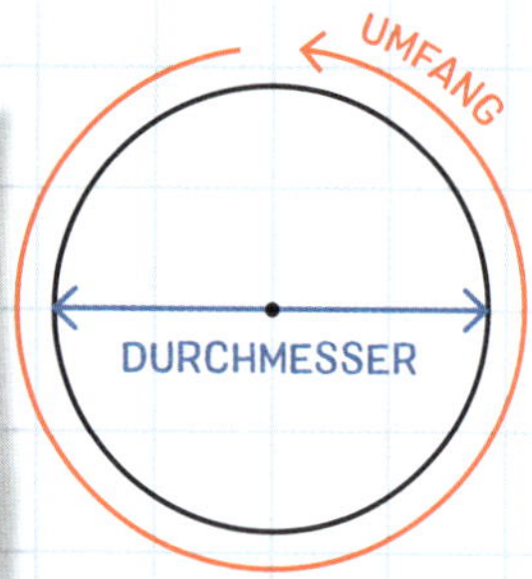

Umfang : Durchmesser = π

EULER'SCHE ZAHL

Die Euler'sche Zahl, benannt nach ihrem Entdecker, dem Mathematiker Leonhard Euler, ist eine besondere Zahl. Abgekürzt wird sie durch den Buchstaben **e**. Sie beträgt etwa **2,718** und besitzt unendlich viele Nachkommastellen. Die Euler'sche Zahl wird eingesetzt, um rasend schnelle Wachstums- und Zerfallsprozesse zu berechnen, etwa die Vermehrung von Krankheitserregern oder den Zerfall radioaktiver Stoffe.

FIBONACCI-ZAHLEN

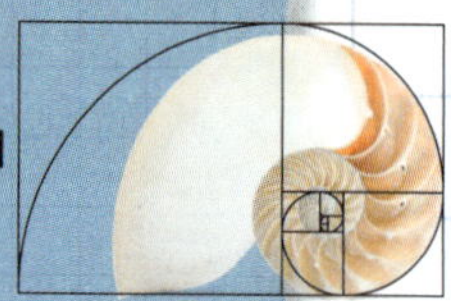

Fibonacci-Zahlen sind eine Zahlenfolge, die mit den Zahlen 0 und 1 beginnt. Jede Zahl in der Reihe entsteht, indem man die beiden vorherigen Zahlen zusammenzählt.

0 1 1 2 3 5 8 __ __ __ __ __ Kannst du die Fibonacci-Zahlen fortsetzen?

0 + 1 1 + 2 3 + 5

Diese Zahlenfolge ist nach dem italienischen Mathematiker Fibonacci benannt. Fibonacci-Zahlen finden sich überall in der Natur, zum Beispiel in der Anordnung von Blättern, der Spirale eines Tannenzapfens oder dem Aufbau eines Schneckenhauses.

Wer hat der Natur bloß Matheunterricht gegeben?

PRIMZAHLEN

Primzahlen sind ganz besondere Zahlen! Sie sind größer als 1 und können nur durch 1 und sich selbst geteilt werden. Zum Beispiel ist die Zahl 5 eine Primzahl, weil du sie nur durch 1 und 5 teilen kannst. Anders die Zahl 6:
Sie ist keine Primzahl, da sie sich auch durch 2 und 3 teilen lässt.

Und dann gibt es noch eine Besonderheit! **Jede Zahl, die keine Primzahl ist, lässt sich als Produkt von Primzahlen schreiben.** Nimm zum Beispiel die Zahl 12. Sie ist keine Primzahl, aber du kannst sie als **2 × 2 × 3** schreiben.
Und 2 und 3 sind wiederum Primzahlen.

Es gibt unendlich viele Primzahlen. Die derzeit größte bekannte Primzahl besteht aus 23 Millionen Ziffern!

Ergänze die Primzahlenreihe. Wie weit kommst du?

2 3 5 __ __ __ __ __ __ __ __ __ __ __ __

GOLDENE ZAHL ϕ

Die Goldene Zahl ist etwas ganz Besonderes! Sie hat unendlich viele Stellen nach dem Komma und wird mit dem griechischen Buchstaben Phi benannt. $\phi \approx$ **1,618**

Phi hat viel mit dem sogenannten *Goldenen Schnitt* zu tun, daher der Name.

Wenn das Verhältnis von zwei Strecken a und b genau ϕ ergibt, erhält man den Goldenen Schnitt! Dieses Verhältnis empfinden wir Menschen als schön, attraktiv und harmonisch. Und es kommt in der Natur, aber auch in der Kunst und der Architektur häufig vor. So teilt dein Bauchnabel den Abstand von deinem Kopf bis zu deinen Füßen im Goldenen Schnitt! Auch bei vielen Pflanzen und Tieren findet sich dieses Verhältnis wieder.

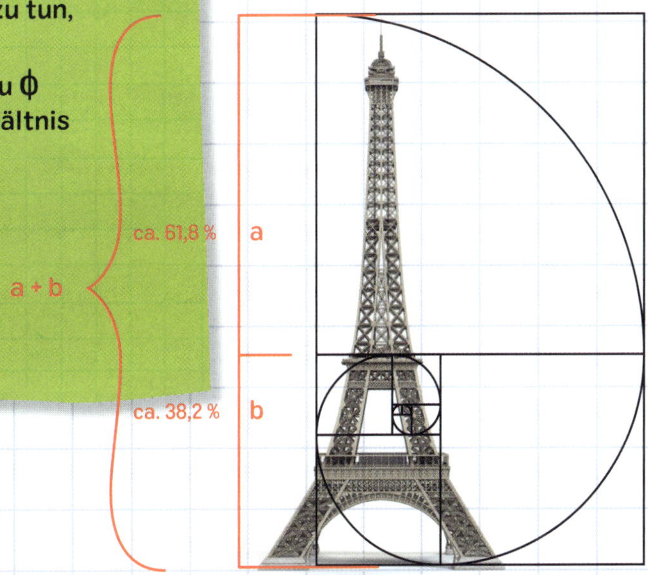

INFORMATIK

Was ist Informatik?

Der Begriff »Informatik« setzt sich zusammen aus den Begriffen »Information« und »Automatik«. Das bedeutet, ein Computer verarbeitet verschiedene Informationen automatisch.

Mithilfe der Informatik können wir Computer und andere Geräte so steuern, dass sie das tun, was wir möchten. Informatik funktioniert also wie eine geheime Sprache, mit der wir Computern sagen können, was sie tun sollen.

Apps, Computerspiele, Lernsoftware und vieles mehr verdanken wir der Informatik. Du nutzt Informatik jeden Tag, oft ohne es zu merken. Wenn du ein Foto mit einem Filter auf deinem Handy bearbeitest, nachmittags eine Runde zockst oder auf dem Tablet einen Film schaust – das alles wäre ohne Informatik gar nicht möglich.

Die Informatik bezeichnet man auch als interdisziplinäre Wissenschaft. Das bedeutet, dass auch andere Bereiche, wie Programmiersprachen, Robotik, Mathematik, Algorithmen und Statistik dazugehören. Alles ziemlich komplizierte Fächer, aber die Ergebnisse können sich sehen lassen!

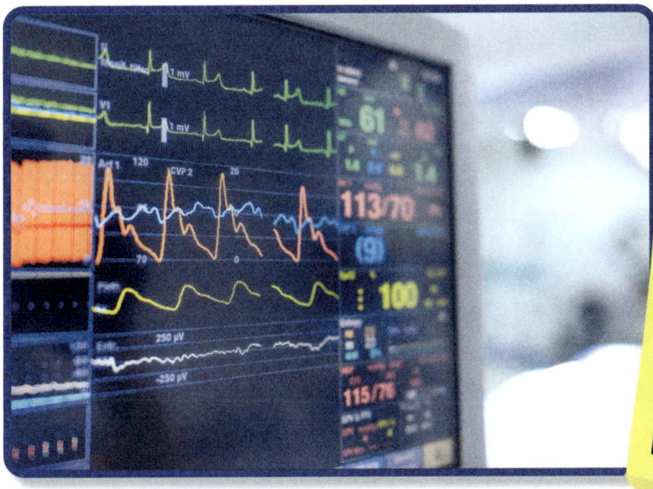

INFORMATIK STECKT HEUTE FAST ÜBERALL DRIN – AUCH WENN MAN SIE NICHT SIEHT!

Computerprogramme helfen dabei, Züge und Flugzeuge zu steuern oder Roboter in Fabriken arbeiten zu lassen. In Krankenhäusern überwachen spezielle Systeme den Gesundheitszustand von kranken Menschen.

In Supermärkten sorgen Computer dafür, dass rechtzeitig neue Milch oder Brötchen bestellt werden. Und sogar in der Umwelt spielt Informatik eine wichtige Rolle: Sie hilft, die Luft- und Wasserqualität zu messen oder Gebäude zu überwachen. Informatik spielt heute fast in jedem Bereich unseres Lebens eine Schlüsselrolle!

WO STECKT KEINE INFORMATIK DRIN?

- ○ Waschmaschine
- ○ Taschenrechner
- ○ Buch
- ○ Handy
- ○ Kaugummiautomat

- ○ Fernseher
- ○ Fahrrad
- ○ Smartwatch
- ○ Fußball

Lösung: Buch, Kaugummiautomat, Fahrrad, Fußball

Wie ist ein Computer aufgebaut?

Alles, was bei einem Computer im Weg rumsteht, also der Bildschirm, die Maus oder die Tastatur, heißt Hardware. Und bei der Hardware wird noch mal unterschieden zwischen Geräten, mit denen man Informationen eingibt: Das sind die Eingabegeräte wie die Tastatur oder die Maus. Und den Ausgabegeräten, wie zum Beispiel dem Drucker.

Werfen wir einen Blick ins Innere eines Computers:

PROZESSOR (CPU)

Ein kleines Bauteil mit vielen Beinchen. Der Prozessor ist das Gehirn des Computers. Er verarbeitet blitzschnell alle Befehle, die du ihm gibst.

KÜHLER

Da der Prozessor durch seine schnellen Rechenoperationen ins Schwitzen gerät, ist über ihm ein Kühler platziert. Er sorgt dafür, dass der Prozessor nicht überhitzt.

GRAFIKKARTE

Die Grafikkarte ist ein wichtiges Teil für alle, die Wert auf eine hohe Bildqualität bei Spielen und Filmen legen! Sie kommt in einen speziellen Steckplatz. Auf ihrem Rücken thront mindestens ein kleiner Lüfter.

FESTPLATTE

Sieht aus wie eine kleine Box. Hier werden alle Daten auf dem Computer gespeichert – Fotos, Spiele, Dokumente und Programme.

HAUPTPLATINE (MOTHERBOARD):

Die Hauptplatine verbindet alle Teile des Computers, damit sie zusammenarbeiten können. Auch die Geräte außerhalb des Computers sind mit dem Motherboard verbunden.

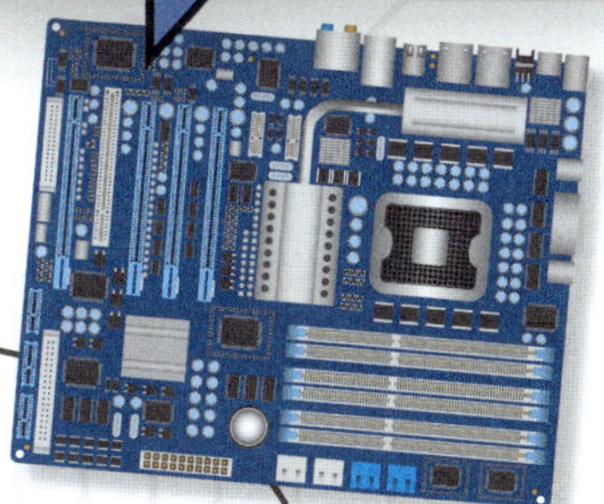

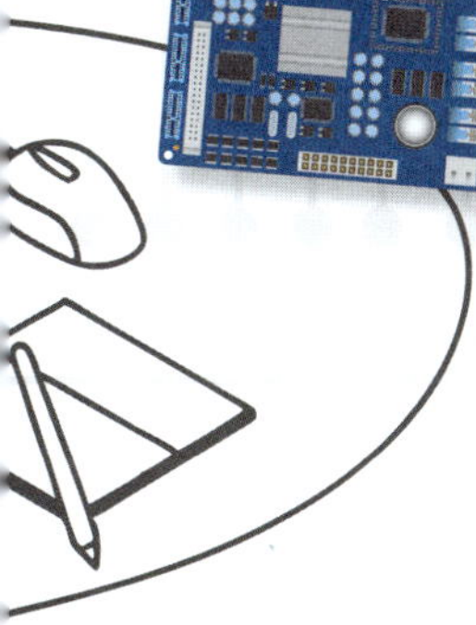

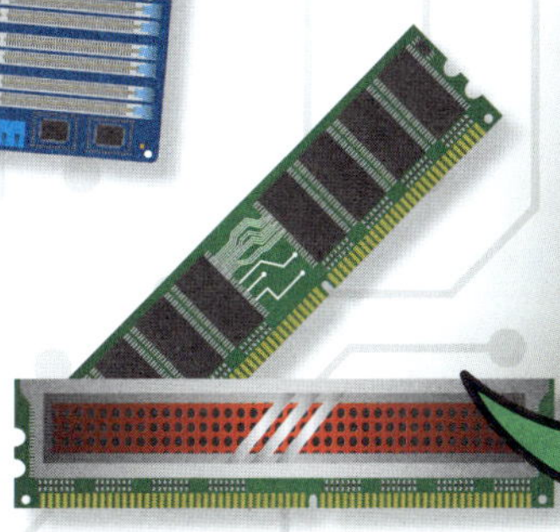

ARBEITSSPEICHER (RAM):

Lange, dünne Module, die oft senkrecht auf der Hauptplatine stecken. Der Arbeitsspeicher hilft dem Computer, sich Dinge vorübergehend zu merken, also Zwischenergebnisse zu speichern. Je größer der RAM, desto mehr Programme können gleichzeitig laufen.

Bits und Bytes

Wie versteht ein Computer eigentlich, was du ihm sagen willst?

STROM AN, STROM AUS – DIE SPRACHE DER COMPUTER

Computer funktionieren ein bisschen wie ein Lichtschalter: Entweder fließt Strom (das nennen wir »1«) oder es fließt kein Strom (»0«). Mit den beiden Zuständen »0« und »1« können Computer alles darstellen, was sie brauchen. Dieses System heißt Binärsystem oder Dualsystem. Alle Zahlen, die du kennst, lassen sich auch im Binärsystem darstellen.

Die **BASISZAHLEN** sind 0 und 1. Mit jeder weiteren Stelle, die vor der Zahl hinzugefügt wird, verdoppelt sich der Zahlenwert. Sobald eine Binärzahl 2 Stellen hat, ist sie mindestens 2 »groß«, bei 3 Stellen ist sie mindestens 4 groß, bei einer vierstelligen Binärzahl ist der Wert mindestens 8 und so weiter.

Hier eine Tabelle mit drei Beispielzahlen:

	128	64	32	16	8	4	2	1
8	0	0	0	0	1	0	0	0
15	0	0	0	0	1	1	1	1
120	0	1	1	1	1	0	0	0

8 im Binärsystem: 00001000
15 im Binärsystem: 00001111
120 im Binärsystem: 01111000

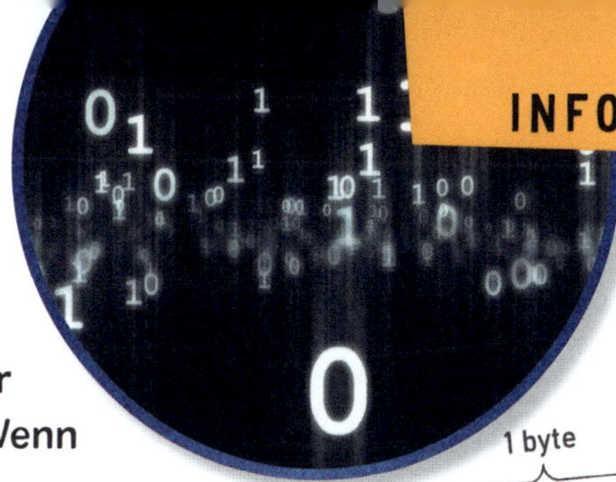

UND WAS SIND NUN BITS UND BYTES?

Ein BIT ist die kleinste Informationseinheit und kann nur zwei Zustände haben: entweder »0« oder »1«. Oder anders ausgedrückt: Schalter an oder Schalter aus. Wenn wir 8 Bits zusammenfügen, nennen wir das ein BYTE. Ein Byte kann viel mehr darstellen, weil es 256 verschiedene Kombinationsmöglichkeiten von »0« und »1« hat. Das ist genug, um alle Buchstaben, Zahlen und viele Sonderzeichen zu speichern!

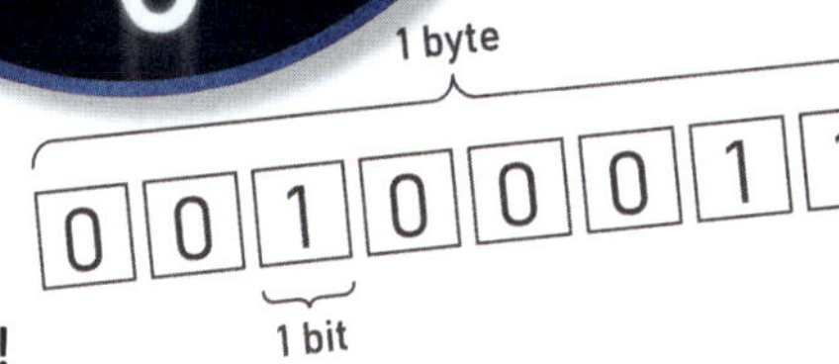

DER ASCII-CODE: DIE SPRACHE DER ZEICHEN

Der ASCII-Code, eine Abkürzung für »American Standard Code for Information Interchange«, ordnet jedem Zeichen auf deiner Tastatur eine Kombination aus 7 Bits zu. Mit 7 Bits lassen sich 128 verschiedene Zeichen darstellen. Normalerweise werden Daten in Einheiten von 1 Byte gespeichert, also 8 Bits. Da der ASCII-Code jedoch nur 7 Bits braucht, bleibt das achte Bit oft frei. Das erste Bit wird einfach auf »0« gesetzt, gefolgt von den 7 Bits des ASCII-Codes.

EIN BEISPIEL:

Im ASCII-Code steht die Kombination »01000001« für den Buchstaben »A«. Wenn der Computer diese Folge von »0« und »1« sieht, zeigt er dir ein »A« auf dem Bildschirm.

Hier ein paar Beispiele aus der ASCII-Tabelle:

+	00101011
0	00110000
1	00110001
A	01000001
B	01000010
a	01100001
b	01100010

128	64	32	16	8	4	2	1
			1	0	0	0	1
		1	0	1	1	0	0
	1	1	1	1	1	1	1

Welche Dezimalzahl wird in der Tabelle dargestellt? Die oberste Zahlenleiste kannst du als Orientierungshilfe nehmen.

Lösung: 17, 44, 127

Algorithmen

Algorithmen sind Schritt-für-Schritt-Anleitungen zur Lösung von Aufgaben. Damit Computer und Maschinen nützliche Helfer sind, müssen wir ihnen genau sagen, was sie tun sollen.

Denn von allein wissen sie erst mal gar nichts. Vor allem in der Welt der Computer übernehmen Algorithmen einen wichtigen Job: Damit der PC das richtige Ergebnis liefert, müssen die einzelnen Schritte in einer festen Reihenfolge ablaufen. Auch in der Arbeitswelt sind Algorithmen unverzichtbar, weil sie Prozesse automatisieren. Roboter zum Beispiel werden mit Algorithmen so programmiert, dass sie Arbeiten am Fließband übernehmen können.

Hast du schon mal aus einem Bausatz ein Modell-Raumschiff oder ein Fahrzeug aufgebaut? Dann bist du einer genauen Schritt-für-Schritt-Anleitung gefolgt. Oder hast du schon mal nach einem Rezept Pancakes gebacken? Dann weißt du, wie wichtig es ist, die Schritte in der richtigen Reihenfolge abzuarbeiten. Wenn du die Eier für den Teig erst dazugibst, nachdem das Ding schon in der Pfanne brutzelt, geht die Sache schief!

DAS SIND DIE 5 REGELN FÜR EINEN ALGORITHMUS:

- Ein Algorithmus ist eine Reihe von Schritten, die zu einem bestimmten Ziel führen.
- Jeder Schritt muss klar und eindeutig sein, damit immer das gleiche Ergebnis herauskommt.
- Die Reihenfolge der Schritte muss festgelegt und immer gleich sein.
- Ein Algorithmus hat eine endliche Anzahl von Schritten.
- Am Ende liefert der Algorithmus ein Ergebnis und ist damit abgeschlossen.

ALGORITHMUS FÜR DAS BACKEN VON MUFFINS

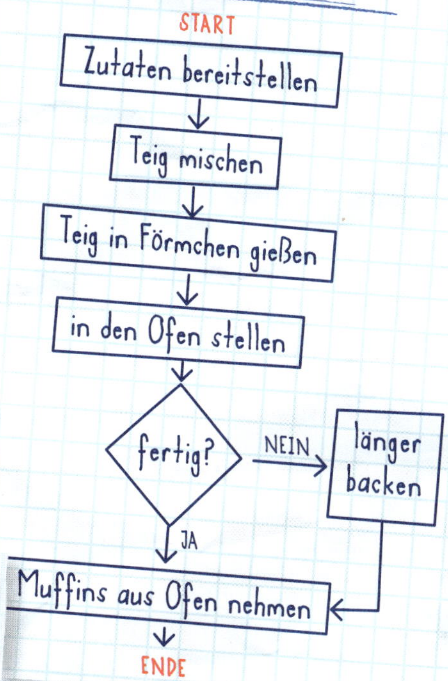

Du willst ein Kuchenessen organisieren. Baue dir aus den folgenden Bausteinen einen Algorithmus.

- Cupcakes backen
- Start
- Nein?
- Ende
- Tisch decken
- Ja?
- Einladungen verschicken
- Haben alle Zeit?
- Einkaufsliste schreiben
- Termin bei deinen Freunden anfragen

Im Jahr 1843 schrieb die Engländerin Ada Lovelace übrigens den ersten Algorithmus für eine Maschine. Sie gilt als die erste Programmiererin der Welt!

Auch in der Mathematik sind Algorithmen wichtig. Wenn dir deine Lehrerin erklärt, wie man mehrstellige Zahlen multipliziert oder teilt, nutzt sie dafür einen Algorithmus.

Beispiel gefällig? Berechne den Durchschnitt folgender Zahlen:

3 6 5 7 1 2

Dafür brauchst du folgenden Algorithmus:

1. Alle Zahlen addieren
2. Anzahl der Zahlen zählen
3. Summe der Zahlen durch die Anzahl der Zahlen teilen

3+6+5+7+1+2=24
6 Zahlen
24:6=4

Lösung: 17, 44, 127

Verschlüsselung & Geheimcodes

Geheime Codes und Verschlüsselungen haben schon eine wichtige Rolle gespielt, lange bevor Computer erfunden wurden. Seit es Schriften gibt, haben Menschen Nachrichten auf den Weg gebracht, die nicht jeder verstehen sollte, wie etwa geheime Botschaften im Krieg, Nachrichten über Entdeckungen in fernen Ländern oder auch Liebesbriefe.

Verschlüsselung bedeutet, dass eine Nachricht so verändert wird, dass sie nur mit dem richtigen »Schlüssel« gelesen werden kann. Die Wissenschaft, die sich mit der Erstellung und Entschlüsselung solcher Geheimschriften beschäftigt, heißt Kryptografie.

Die ENIGMA war eine Verschlüsselungsmaschine, die im Zweiten Weltkrieg von den Deutschen genutzt wurde. Diese Maschine erzeugte täglich wechselnde Codes, die unmöglich zu entschlüsseln schienen. Ein britisches Team von Mathematikern und Kryptoanalytikern arbeitete intensiv daran, den Code zu knacken. Sie entwickelten eine spezielle Maschine, genannt »Bombe«, die schnell verschiedene ENIGMA-Einstellungen durchprobieren konnte, um die richtige Kombination zu finden. 1941 gelang es ihnen schließlich, den ENIGMA-Code zu entschlüsseln.

In unserer digitalisierten Welt ist Verschlüsselung wichtiger denn je: Unsere Daten verdienen besonderen Schutz. Eine E-Mail soll nur für den Empfänger lesbar sein, ein Handygespräch vertraulich bleiben, und beim Bezahlen mit Karte dürfen die Bankdaten nicht in falsche Hände geraten. Damit all diese Informationen sicher bleiben, werden sie durch komplexe Verschlüsselungsmethoden geschützt. Diese Aufgabe übernehmen heute leistungsstarke Computer.

SKYTALE

Die Skytale war eine Verschlüsselungsmethode, die im antiken Griechenland von den Spartanern genutzt wurde. Sie bestand aus einem Holzstab, um den ein Streifen Pergament gewickelt wurde. Nur wenn der Empfänger denselben Durchmesser des Stabs hatte, konnte er die Nachricht entziffern.

VIGENÈRE-VERSCHLÜSSELUNG

Diese Methode nutzte im 16. Jahrhundert eine komplexe Tabelle, um Buchstaben mithilfe eines Schlüsselworts zu codieren. Lange Zeit galt sie als »unbrechbar«, bis sie nach 300 Jahren von einem englischen Kryptografen erfolgreich geknackt wurde.

KNACK DEN CÄSAR-CODE!

Bei der Cäsar-Verschlüsselung wird das Alphabet um eine bestimmte Anzahl an Stellen verschoben. Um wie viele Stellen es sich handelt, verrät die Schlüsselzahl. In diesem Fall ist es die 3!

Das geheime Wort lautet PDWKH

In der ersten Zeile steht das richtige Alphabet. In die Zeile darunter schreibst du das Alphabet um drei Stellen verschoben.

A B C D E F G H I J K L M N O P Q R S T U V W X Y Z

D E F _

Schaffst du es, das Wort zu entschlüsseln?

Lösung: Mathe

Programmieren

Was machen Programme?

Programme geben dem Computer eine genaue Anleitung, damit er weiß, was er tun soll. Diese Anleitung nennt man einen Algorithmus – du hast ihn in einem vorigen Kapitel bereits kennengelernt. Aber damit der Computer diesen Algorithmus versteht, muss er in einer Programmiersprache geschrieben sein.

Eine Programmiersprache ist eine Art Geheimsprache für Computer. Bekannte Programmiersprachen heißen zum Beispiel C, C++, Java, JavaScript oder Python. Mithilfe dieser Sprachen werden die Algorithmen in Regeln und Befehle übersetzt, die der Computer verarbeiten kann.

Ein Programm besteht also aus einer Reihe von Anweisungen, die man »Code« nennt. Programmieren bedeutet, diesen Code zu schreiben und so dem Computer zu sagen, was er tun soll.

So sieht ein Programm aus, das in der Programmiersprache Python geschrieben wurde.

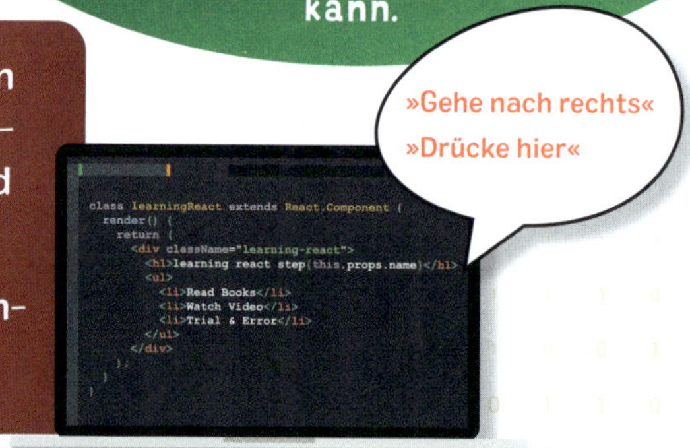

Ein Programm kann aus wenigen oder sehr vielen Schritten bestehen, je nachdem, wie kompliziert die Aufgabe ist.

UND WIE SIEHT EIN PROGRAMM IN EINER PROGRAMMIERSPRACHE NUN AUS?

Und das ist der Algorithmus für die Aufgabe:

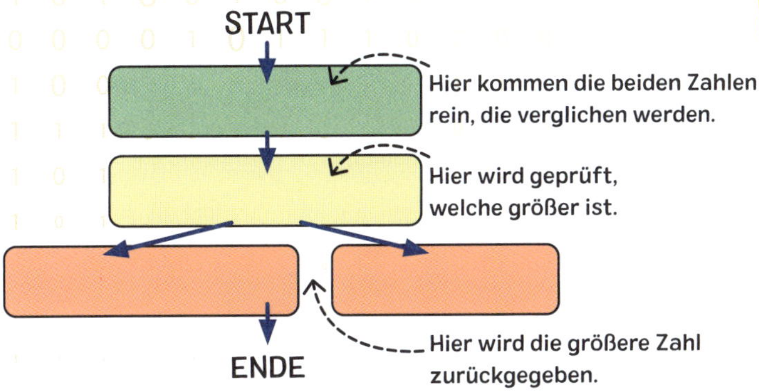

Schreiben wir ein Programm, das zwei Zahlen miteinander vergleicht und dir die größere Zahl zurückgibt. Dazu brauchen wir einen einfachen Algorithmus.

In einer »Pseudoprogrammiersprache«, also einer Sprache, die nur zum Erklären dient, könnte das so aussehen:

1. Wenn die erste Zahl größer ist als die zweite Zahl, gib die erste Zahl zurück.
2. Ansonsten gib die zweite Zahl zurück.

Damit der Computer die Aufgabe ausführen kann, müssen wir die Anweisung in eine richtige Programmiersprache übersetzen.

Es hilft nichts: Um zu programmieren, muss man Englisch können, ein bisschen zumindest.

Das Kürzel »def« bedeutet »definiere« und zeigt an, dass wir eine Funktion erstellen. Die Funktion heißt »größere_zahl« und nimmt zwei Zahlen als Eingabe, x und y.

Mit »if«, das heißt »wenn«, prüfen wir, ob x größer ist als y.

Falls ja, gibt das Programm x zurück; ansonsten gibt es y zurück.

Wir nehmen Python:
Code kopieren

```
def größere_zahl(x, y):
  if x > y:
    return x
  else:
    return y
```

Setze die Zahlen 3 und 5 in den Algorithmus ein. Welche Zahl wird zurückgegeben?

WARUM GIBT ES VERSCHIEDENE PROGRAMMIERSPRACHEN?

Jede Sprache hat ihre Stärken und wird oft für bestimmte Aufgaben verwendet. Python ist zum Beispiel für Anfänger gut geeignet. Java wird oft für große Projekte oder Apps genutzt, während C sehr schnell ist und in Maschinensteuerungen eingesetzt wird.

Lösung: 5 wird zurückgegeben

Wie funktioniert das Internet?

Das Internet ist ein riesiges Netzwerk, das Computer auf der ganzen Welt miteinander verbindet.

Das Wort kommt aus dem Englischen: »net« bedeutet »Netz«. Der Wortteil »Inter-« bedeutet »zwischen«. Über dieses Netz reisen Nachrichten, Bilder und Informationen von einem Gerät zum anderen – egal, ob es sich um Laptops, Handys, PCs oder riesige Server handelt.

WIE IST DAS INTERNET AUFGEBAUT?

SERVER

Ein Server ist ein riesiger, leistungsstarker Computer, der Daten und Informationen speichert und diese auf Anfrage an andere Computer sendet, wie etwa Webseiten oder Dateien. Viele große Firmen und Organisationen haben ihre eigenen Server. Einige davon kennst du sicherlich: Instagram, WhatsApp, Google oder Tiktok. Die Server dieser Unternehmen sind so groß, dass sie Hallen in der Größe von ganzen Fußballfeldern füllen.

ROUTER

Damit du ins Internet kommst, brauchst du einen kleinen Helfer namens Router. Er sorgt dafür, dass deine Geräte sich mit dem Internet verbinden, und leitet Datenpakete an die richtigen Stellen weiter.

KABEL & SATELLITEN

Wenn Informationen weite Strecken zurücklegen müssen, werden sie meist über Kabel übertragen. Solche Kabel sind weltweit verlegt und verlaufen oft sogar auf dem Meeresboden. Informationen lassen sich aber auch über Satelliten schicken. Diese Satelliten, die Daten senden, heißen Kommunikationssatelliten.

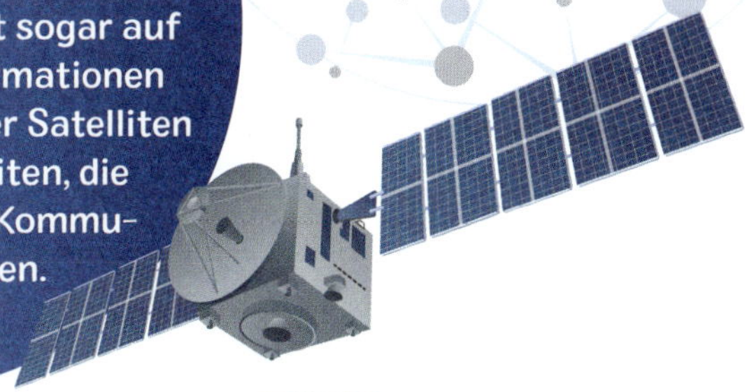

WLAN

WLAN ist eine Funktechnik, die Daten über kurze Entfernungen sendet, zum Beispiel vom Router zu deinem Handy. Steht ein WLAN zur Verfügung, kannst du Tablet & Co. ohne ein Kabel mit dem Internet verbinden.

GERÄTE

Um das Internet zu nutzen, brauchst du Geräte wie Computer, Laptops, Tablets, Handys oder Spielkonsolen. Diese Geräte können sich mit dem Internet verbinden.

WAS MACHT EIN BROWSER?

Damit du auf Webseiten zugreifen kannst, brauchst du einen Browser – das ist ein Programm wie Google Chrome, Safari oder Firefox. Der Browser ist wie ein Übersetzer: Er versteht, was der Server ihm schickt, und zeigt dir die Bilder, Texte und Links, damit du sie anklicken und lesen kannst. Ohne Browser wären die Informationen nur ein Haufen unverständlicher Zahlen und Buchstaben.

ABER WAS REIST DA DURCH DAS INTERNET?

Die Informationen bestehen aus kleinen Datenpäckchen. Wenn du eine Nachricht schickst, wird diese Information in viele kleine Datenpakete aufgeteilt. Diese Pakete kommen dann wie ein Puzzle wieder zusammen und bilden das Bild, den Text oder die Nachricht auf deinem Bildschirm. Und das alles geschieht in wenigen Sekunden!

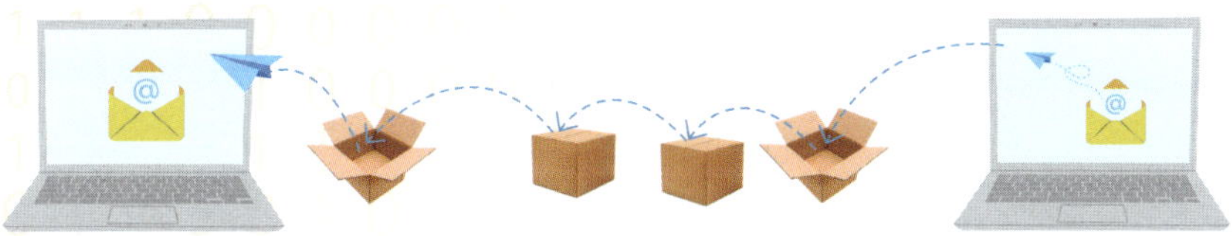

Was sind Daten?

Daten sind Informationen, die wir sammeln und speichern, um sie später nutzen zu können. Es gibt verschiedene Arten von Daten: Zahlen, Wörter, Bilder, Töne und vieles mehr.

Daten, die Informationen über Menschen enthalten, umfassen den Namen, das Geburtsdatum, die Adresse und die Telefonnummer. Auch Informationen aus der Welt des Sports gehören dazu: Wer hat eine bestimmte Strecke am schnellsten zurückgelegt? Welche Mannschaft hat eine Meisterschaft mit wie vielen Punkten und Toren gewonnen?

Daten erfassen unsere Umwelt: In welcher Region hat es wie viel geregnet? Wie verändern sich die Temperaturen im Lauf des Jahres? Unser Leben und die ganze Welt um uns herum erzeugen ständig Daten.

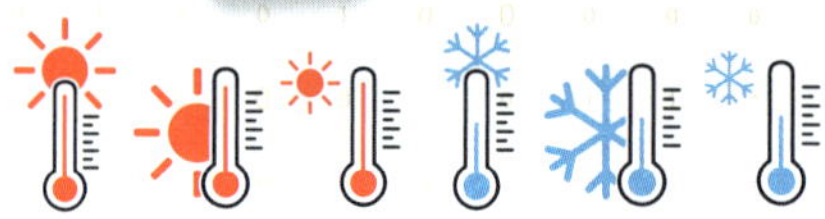

UND WARUM SAMMELN WIR SO VIELE DATEN?

Daten helfen dabei, Informationen gut zu ordnen und schnell wiederzufinden. In der Schule sind wichtige Infos über dich gespeichert, wie zum Beispiel die Kontaktdaten deiner Eltern für den Fall, dass du krank wirst. Auch Firmen und Ärzte brauchen Daten – damit sie etwas verkaufen können oder wissen, wie es ihren Patienten geht.

SCHLAUE DATENBANK

Eine Datenbank ist ein Ort, an dem viele Daten ordentlich gespeichert werden. So wie in einer Bibliothek jedes Buch seinen Platz hat, werden auch Daten in einer Datenbank nach bestimmten Regeln sortiert. So kann man sie schnell wiederfinden.

In einer Datenbank kann man Daten speichern, verändern oder nach etwas Bestimmtem suchen. Heute sind die meisten Datenbanken digital auf Computern gespeichert – sie bestehen oft aus Tabellen mit Zeilen und Spalten.

Daten zu sammeln und aufzubewahren ist übrigens keine Erfindung des Computerzeitalters. So führten Kirchen über Jahrhunderte hinweg Bücher, in denen stand, wer wo lebte, wann jemand geheiratet hat und wie viele Kinder geboren wurden.

DATENBANKEN BEGEGNEN UNS ÜBERALL!

Geschäften und Firmen helfen sie dabei, den Überblick über Produkte zu behalten und rechtzeitig nachzubestellen. Auch dein Handy nutzt eine Datenbank – zum Beispiel in der Kontakte-App, die Namen und Telefonnummern speichert. Wenn du etwas im Internet suchst, durchsucht eine riesige Datenbank viele Webseiten, um dir passende Ergebnisse zu zeigen.

WARUM IST ES WICHTIG, DATEN ZU SCHÜTZEN?

Daten sind oft sehr privat und enthalten wichtige Informationen. Stell dir vor, jemand könnte all deine Kontakte oder deine Nachrichten lesen! Deshalb ist es wichtig, dass Daten sicher gespeichert und nur von den richtigen Personen gesehen werden. Dabei helfen Passwörter und Sicherheitsprogramme.

ERSTELLE DEINE EIGENE DATENBANK:

Freundin/Freund	Geburtstag	Klasse	gemeinsame Interessen	Geschwister
Lisa Müller	13.7.2014	4a	Pferde, Turnen	2 Brüder

Künstliche Intelligenz

Lernpausen gibt's nicht!

Künstliche Intelligenz, kurz KI, ist eine Technik, die Computer »schlau« macht. Mit KI lernen Computer, Aufgaben zu erledigen, die normalerweise nur Menschen können: Dinge erkennen, Entscheidungen treffen oder eine Unterhaltung führen.

WIE MACHT DIE KI DAS?

Künstliche Intelligenz funktioniert ein bisschen wie ein Gehirn, das immer mehr dazulernt. Um den Computer »intelligent« zu machen, wird er mit vielen Daten gefüttert. Daten sind Informationen wie Fotos, Wörter oder Zahlen. Der Computer nutzt diese Daten, um Muster zu erkennen und daraus zu lernen. Wenn du einem Computer Tausende Fotos von Hunden und Katzen zeigst, ist er nach einer Lernphase in der Lage, Hunde von Katzen zu unterscheiden.

Vermutlich ist es dir nicht bewusst, aber du nutzt KI fast täglich. Ein paar Beispiele gefällig?

- Sprachassistenten wie Siri oder Alexa verstehen deine Fragen und geben dir Antworten.
- Plattformen wie Instagram, Tiktok oder Netflix nutzen KI, um dir Videos vorzuschlagen, die dir gefallen könnten. Die KI merkt sich, was du gerne schaust, und macht dir Vorschläge.
- Auch wenn du am Computer zockst, kommt KI zum Einsatz: In vielen Spielen steuert die KI die NPCs, mit denen die Spieler interagieren oder gegen die sie kämpfen. Diese Charaktere »denken« in gewisser Weise mit, sie können sich an das Verhalten der Spieler anpassen und taktische Entscheidungen treffen. KI-Algorithmen bringen zudem Spieler mit ähnlichen Fähigkeiten oder Erfahrungslevel in Teams zusammen.

CHATGPT BEANTWORTET DEINE FRAGEN UND LIEFERT DIR EINEN PASSENDEN TEXT.

WARUM KI IMMER WEITERLERNT

Ein großer Unterschied zwischen normalen Computern und solchen mit KI ist, dass KI immer weiter dazulernt. Je mehr Daten eine KI erhält, desto schlauer wird sie. Normalerweise würde ein Computer immer wieder die gleichen Befehle ausführen, ohne etwas Neues zu lernen. KI hingegen kann Muster und Zusammenhänge erkennen und wird dadurch besser.

Ein Schachcomputer verfügt zum Beispiel über eine umfangreiche Datenbank, in der Informationen gespeichert sind, wie etwa die Spielzüge aus den Weltmeisterschaften der letzten drei Jahrzehnte. Zuerst berechnet der Computer, welche Züge in der aktuellen Spielsituation möglich sind. Dann analysiert er, welcher davon in der Vergangenheit oft zum Erfolg führte.

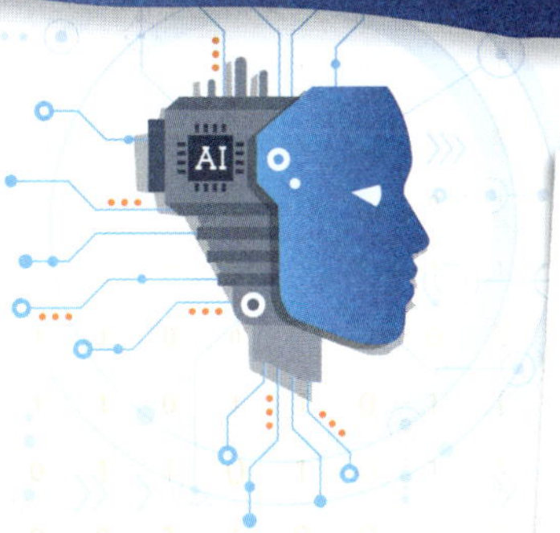

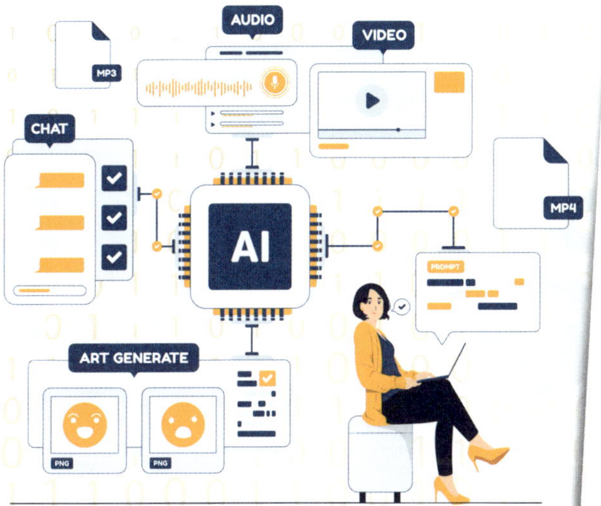

WAS KANN KI?

- ○ Ein Flugzeug landen
- ○ Pizzateig kneten
- ○ Gemüse ernten
- ○ Gesichter erkennen
- ○ Einen Witz erzählen
- ○ Tiere füttern
- ○ Pakete sortieren
- ○ Einen Drachen steigen lassen
- ○ Bilder malen
- ○ Socken zusammenlegen

Lösung: KI kann ein Flugzeug landen, Gemüse ernten, Gesichter erkennen, Witze erzählen, Tiere füttern, Pakete sortieren, Bilder malen

Das Internet der Dinge

Nicht nur Menschen können das Internet nutzen, sondern auch Geräte und Alltagsgegenstände! Der Name hierfür lautet Internet der Dinge oder kurz IoT, aus dem Englischen »Internet of Things«. Diese Technik sorgt dafür, dass Geräte miteinander vernetzt sind, Informationen austauschen und quasi miteinander sprechen können.

Das IoT kann einiges!

- Das IoT kann viele alltägliche Aufgaben erledigen: Ein smarter Kühlschrank erkennt, wann dir die Milch ausgeht, und setzt sie automatisch auf deine Einkaufsliste. Oder ein Thermostat passt die Raumtemperatur an, bevor du nach Hause kommst.
- Das IoT kann helfen, Energie zu sparen. Smarte Thermostate und Lampen werden so programmiert, dass sie sich ausschalten, wenn niemand im Raum ist. Das spart jede Menge Energie!
- Smarte Türschlösser und Überwachungskameras können über das IoT miteinander verbunden werden und Meldungen auf dein Handy senden, wenn jemand das Haus betritt oder verlässt.
- Gesundheit und Fitness: Wearables wie Smartwatches oder Fitness-Tracker messen unsere Schritte, den Herzschlag oder den Schlafrhythmus und geben uns wertvolle Informationen über unsere Gesundheit. Diese Geräte können sogar Warnsignale geben, wenn etwas nicht in Ordnung ist!
- Smarte Verkehrssysteme können den Verkehr in Städten verbessern. Sensoren in Autos und Ampeln sammeln Daten und passen die Ampelschaltung an, um Staus zu vermeiden. In Zukunft könnten sogar selbstfahrende Autos mit diesen Systemen kommunizieren.

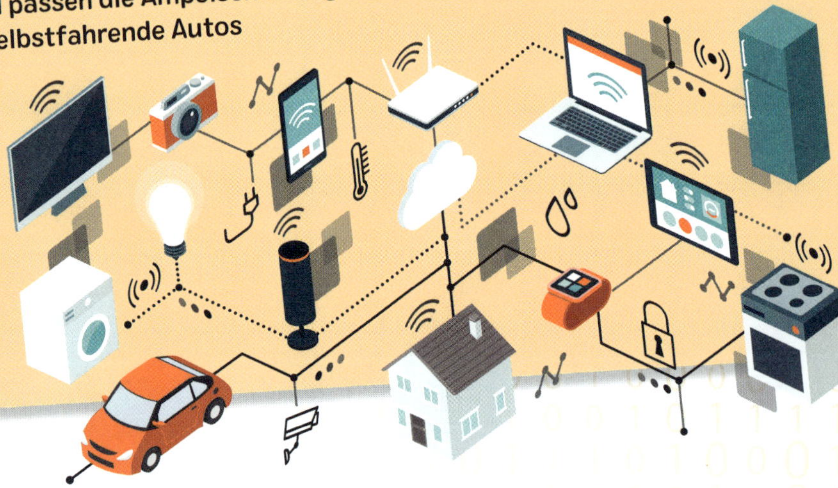

Eine smarte Lampe zum Beispiel verbindet sich mit deinem Handy. Du kannst sie über eine App steuern – sogar das Licht dimmen, ohne vom Sofa aufzustehen! Damit solche Geräte »mitdenken« können, brauchen sie Sensoren, Mikrochips und Funkverbindungen.

WIE FUNKTIONIERT DAS »INTERNET DER DINGE«?

Dinge wie Lampen oder Heizungen haben keine Finger, um sich ins Internet zu tippen. Trotzdem können sie mit dem Internet verbunden sein. Das schaffen sie mit kleinen Chips und Sensoren, die Daten sammeln und senden.

Die Sensoren messen z. B. Temperatur, Bewegung oder Luftfeuchtigkeit, die Chips verarbeiten die Daten und schicken sie über das Internet weiter.

So wird eine einfache Heizung »smart«: Sie merkt, wie warm es im Zimmer ist – und stellt sich vielleicht sogar auf das Wetter oder deine Rückkehr nach Hause ein!

Was lässt sich in einem Haus über das Internet der Dinge steuern?

	Ja	Nein
Beleuchtung		
Heizung		
Hund streicheln		
Überwachungskamera		
Wäsche aufhängen		
Elektrische Jalousien		
Musik abspielen		
Hausaufgaben		
Bewegungsmelder		

Lösung: Hund streicheln, Wäsche aufhängen und Hausaufgaben lassen sich nicht durch IoT erledigen.

NATUR-WISSENSCHAFTEN

Entdecken, Staunen, Verstehen

Naturwissenschaften befassen sich mit der Erforschung der Natur. Die Wissenschaftler beobachten Ereignisse, führen Experimente und Messungen durch und versuchen zu verstehen, wie Dinge funktionieren und zusammenhängen.

Naturwissenschaften sind die Grundlage vieler wichtiger Erfindungen. Vor allem in der Technik und in der Medizin wurden in den letzten Jahrzehnten Entdeckungen gemacht, die sich die Menschen vor 200 Jahren noch nicht einmal vorstellen konnten! Wenn jemand deiner Ururgroßmutter erzählt hätte, dass es irgendwann möglich sein wird, mit Menschen zu sprechen, die 5000 Kilometer entfernt sind, oder dass Astronauten auf dem Mond landen – sie hätte es nicht geglaubt!

BIOLOGIE

Die Biologie beschäftigt sich mit allem, was lebendig ist. Biologen erforschen Tiere, Pflanzen, winzige Lebewesen wie Bakterien und auch uns Menschen. Alles, was unsere lebendige Welt ausmacht, zählt zur Biologie!

CHEMIE

Chemie ist die Wissenschaft, die untersucht, woraus Dinge bestehen und wie sie sich verändern. Sie beschäftigt sich mit den kleinsten Bausteinen, aus denen alles gemacht ist, wie Atome und Moleküle. Chemiker erforschen, wie verschiedene Stoffe miteinander reagieren, zum Beispiel wenn man ein Feuerwerk anzündet oder einen Kuchen backt.

GEOLOGIE

Die Geologie erforscht unseren Planeten Erde. Geologen beschäftigen sich mit allem, was unter unseren Füßen passiert – zum Beispiel mit Gesteinen, Vulkanen, Erdbeben oder wie Gebirge entstehen. Sie wollen verstehen, wie die Erde entstanden ist und sich verändert. Sie studieren auch Fossilien, um herauszufinden, welche Tiere und Pflanzen vor Millionen von Jahren gelebt haben.

PHYSIK

Die Physik beschäftigt sich mit den Kräften der Natur und wie sie auf Dinge wirken. Physiker erforschen vom Allergrößten bis zum Allerkleinsten fast alles. Sie berechnen, wie weit eine Rakete fliegt, wie weit ein Laserstrahl reicht oder auf welcher Bahn die Erde um die Sonne kreist. Sie befassen sich mit Licht, Akustik, Schwerkraft und Beschleunigung und untersuchen, wie Raum und Zeit zusammenhängen.

ASTRONOMIE

Die Astronomie ist ein Teilgebiet der Physik und befasst sich mit dem Weltraum. Sie erforscht Sterne, Planeten, Galaxien und alles andere, was außerhalb der Erde im Universum existiert. Wie entstehen Himmelskörper, wie bewegen sie sich und wie interagieren sie miteinander?

UMWELTWISSENSCHAFT

Umweltwissenschaft beschäftigt sich mit der Natur und unserer Umgebung. Sie untersucht das Zusammenleben von Menschen, Tieren und Pflanzen. Umweltwissenschaftler erforschen auch, wie wir die Natur schützen können, indem wir weniger Müll und Giftstoffe produzieren und die Luft sauber halten. Außerdem schauen sie sich an, wie unser Klima funktioniert und warum es sich verändert.

Welche Wissenschaft erforscht was? Verbinde die Bilder mit der passenden Naturwissenschaft!

PHYSIK

ASTRONOMIE

CHEMIE

UMWELTWISSENSCHAFT

BIOLOGIE

GEOLOGIE

Biologie

Pflanzen, die Superhelden der Natur!

Pflanzen zählen zu den Superhelden auf unserem Planeten Erde! Sie erfüllen eine enorm wichtige Aufgabe: Pflanzen produzieren den Sauerstoff, den wir zum Atmen brauchen. Wie sie das machen? Ihr Geheimrezept heißt PHOTOSYNTHESE.

Pflanzen nutzen die Photosynthese, um ihre eigene Nahrung herzustellen. Sie nehmen Sonnenlicht, Wasser aus dem Boden und Kohlendioxid aus der Luft auf. In ihren Blättern befinden sich winzige Kraftwerke, die das Sonnenlicht in Energie umwandeln. Mit dieser Energie verwandeln sie Wasser und Kohlendioxid in Zucker, den sie als Nahrung benötigen. Dabei entsteht als Nebenprodukt Sauerstoff, den wir zum Atmen brauchen.

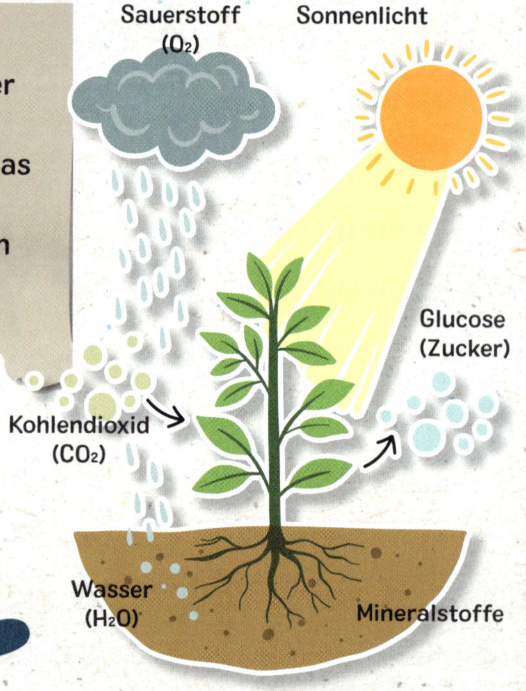

Für Menschen und Tiere ist die Photosynthese enorm wichtig. Beim Atmen tun wir nämlich genau das Gegenteil: Wir verbrauchen den Sauerstoff, den wir durch die Luft einatmen. Atmen wir aus, gelangt wieder Kohlendioxid in die Luft.

Pflanzen sind schlau! Sie können wachsen und sich an ihre Umgebung anpassen. Ein Baum kann zum Beispiel in die Höhe schießen, um mehr Sonnenlicht zu ergattern. Eine Pflanze, die in einer dunklen Ecke steht, kann ihre Blätter größer machen, um mehr Licht einzufangen. Sie wissen genau, was sie brauchen und wie sie es bekommen.

WIE VERMEHREN SICH PFLANZEN?

Pflanzen vermehren sich auf verschiedene Arten. Viele Pflanzen haben Blüten, die Pollen produzieren, der von Bienen oder vom Wind zu anderen Pflanzen gebracht wird. Wenn der Pollen eine andere Blüte erreicht, entsteht ein Samen, aus dem eine neue Pflanze wachsen kann. Manche Pflanzen vermehren sich auch, indem sie Ableger bilden – das sind kleine Pflänzchen, die aus ihren Wurzeln oder Stängeln wachsen. Andere, wie Erdbeeren, schicken lange Triebe aus, an denen neue Pflanzen entstehen.

Wie viele Pflanzenarten gibt es auf der Erde?

Auf der Welt gibt es ungefähr 380 000 bekannte Pflanzenarten. Diese Pflanzen reichen von winzigen Wasserlinsen bis zu riesigen Mammutbäumen. Obwohl wir schon so viele Pflanzen kennen, sind schätzungsweise immer noch über 40 000 Pflanzenarten unentdeckt. Viele dieser Pflanzen wachsen in schwer zugänglichen Gebieten wie dichten Regenwäldern oder abgelegenen Gebirgsregionen.

Suche dir eine Grünfläche, das kann ein Garten sein oder dein Spielplatz. Wie viele verschiedene Pflanzen entdeckst du dort?

Spielplatz	Pflanze
	Gänseblümchen, Klee

TIERE

Insekten, Jäger, Kuscheltiere

Die Tierwelt auf unserem Planeten ist unglaublich vielfältig. Es gibt Millionen von Tierarten, von denen viele noch nicht einmal entdeckt wurden. Tiere gibt es in allen Formen und Größen: winzige Ameisen, riesige Wale und majestätische Adler. Vermutlich gibt es zwischen 10 und 100 Millionen Tierarten auf der Erde. Aber nur etwa 1,8 Millionen sind bisher bekannt und wissenschaftlich beschrieben. Mehr als die Hälfte dieser Tierarten sind Insekten.

Bedrohte Lebensräume

Leider sind viele Tiere vom Aussterben bedroht. Das bedeutet, dass ihre Bestände so stark zurückgegangen sind, dass sie bald für immer verschwinden könnten. Ursachen dafür sind oft die Zerstörung ihrer Lebensräume, Umweltverschmutzung und die Jagd. Einige Tiere, wie der Dodo oder das Mammut, sind bereits ausgestorben. Wenn Tiere aussterben, verändert sich das Ökosystem – also das Zusammenspiel aller Lebewesen und ihrer Umwelt. Das kann auch für den Menschen negative Folgen haben, denn in der Natur ist alles miteinander verknüpft.

BIONIK – TIERISCHE VORBILDER

Saugnäpfe, Klettverschlüsse und Schwimmanzüge haben eine Gemeinsamkeit: Ihre Erfinder haben sich besonders schlaue Lösungen aus der Tier- und Pflanzenwelt abgeschaut.

Der Name dieser Wissenschaft lautet Bionik, zusammengesetzt aus den Wörtern Biologie und Technik. Leonardo da Vinci versuchte schon vor etwa 500 Jahren herauszufinden, warum Vögel fliegen können, und dachte sich erste Fluggeräte aus.

Ein weiteres Beispiel ist der Eisvogel. Sein Schnabel gleitet fast lautlos durch das Wasser und ist Vorbild bei der Entwicklung von schnelleren und leiseren Hochgeschwindigkeitszügen.

Welche Tierarten sind vom Aussterben bedroht?

	Ja	Nein
Elefanten	○	○
Nashörner	○	○
Hühner	○	○
Tiger	○	○
Hunde	○	○
Wildbienen	○	○
Gorillas	○	○
Stechmücken	○	○

Lösung: Vom Aussterben nicht bedroht sind: Hühner, Hunde, Stechmücken

Der menschliche Körper

Der menschliche Körper ist wie eine Maschine, die aus vielen Teilen besteht. Und jedes Teil hat seine eigene Aufgabe!

DIE LUNGEN – UNSER ATEM

Die Lungen sind wie große Luftballons, die uns mit Sauerstoff versorgen. Wenn wir einatmen, nehmen die Lungen Sauerstoff auf. Beim Ausatmen geben sie Kohlendioxid ab.

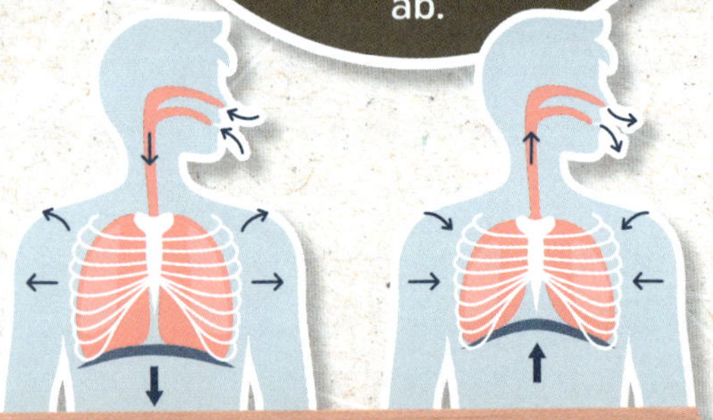

Luft rein – Luft raus!
Die Lunge arbeitet rund um die Uhr.

DAS SKELETT – UNSER GERÜST

Unser Körper wird durch das Skelett gestützt, das aus vielen Knochen besteht. Knochen sind hart und stark, und sie schützen wichtige Teile wie das Gehirn und das Herz. Wusstest du, dass ein Baby etwa 300 Knochen hat, aber im Erwachsenenalter sind es nur noch etwa 206? Das liegt daran, dass einige Knochen mit der Zeit zusammenwachsen.

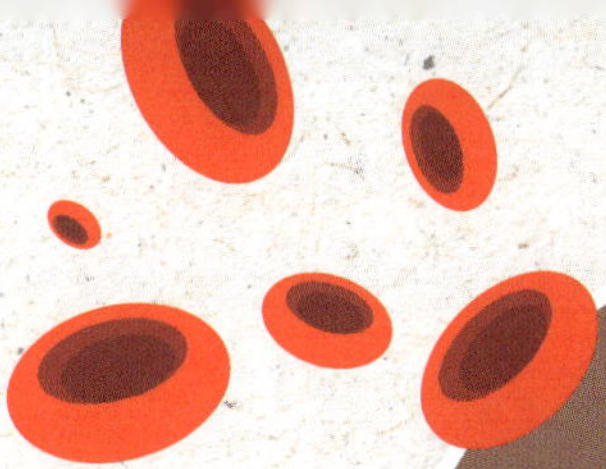

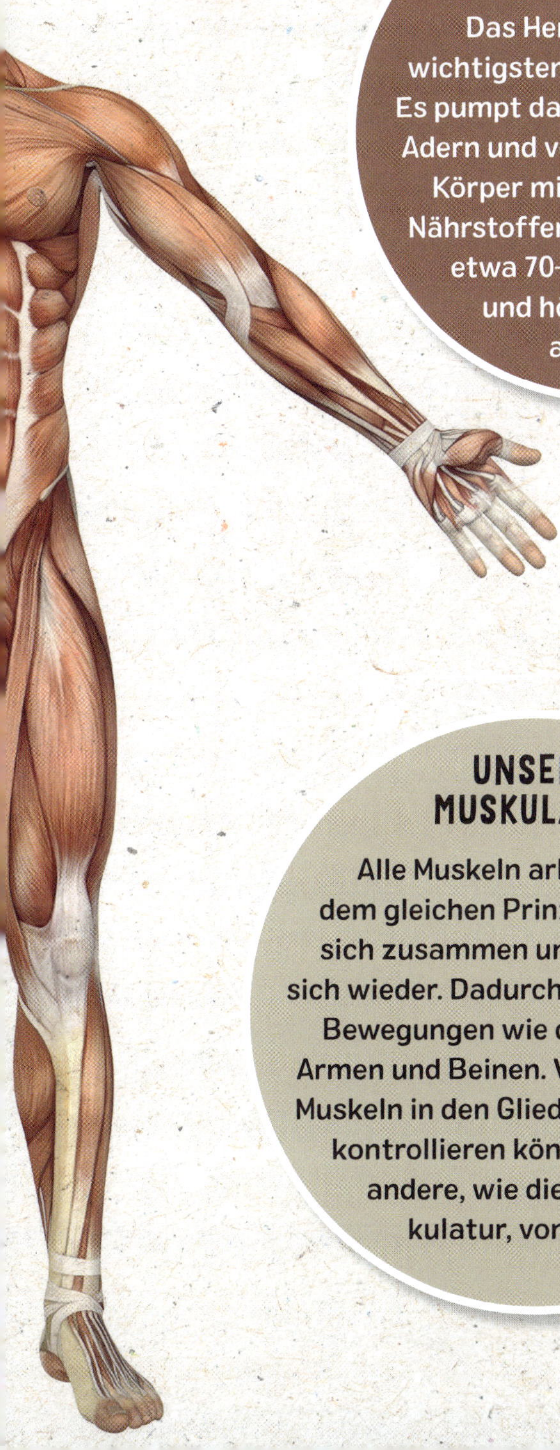

DAS HERZ – UNSERE PUMPE

Das Herz ist eines der wichtigsten Organe im Körper. Es pumpt das Blut durch unsere Adern und versorgt den ganzen Körper mit Sauerstoff und Nährstoffen. Das Herz schlägt etwa 70-mal pro Minute und hört nie auf zu arbeiten!

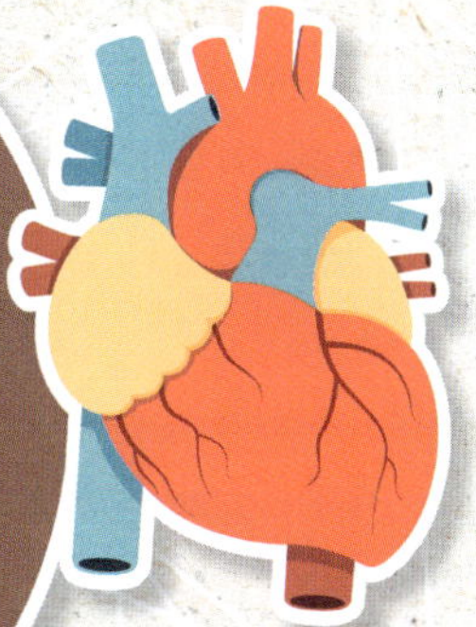

Ohne Pause: Das Herz pumpt Tag und Nacht.

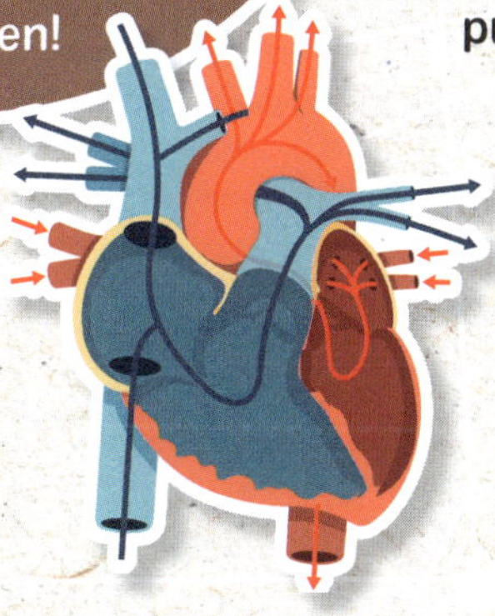

UNSERE MUSKULATUR

Alle Muskeln arbeiten nach dem gleichen Prinzip: Sie ziehen sich zusammen und entspannen sich wieder. Dadurch ermöglichen sie Bewegungen wie das Heben von Armen und Beinen. Während wir die Muskeln in den Gliedmaßen bewusst kontrollieren können, arbeiten andere, wie die Herzmuskulatur, von selbst.

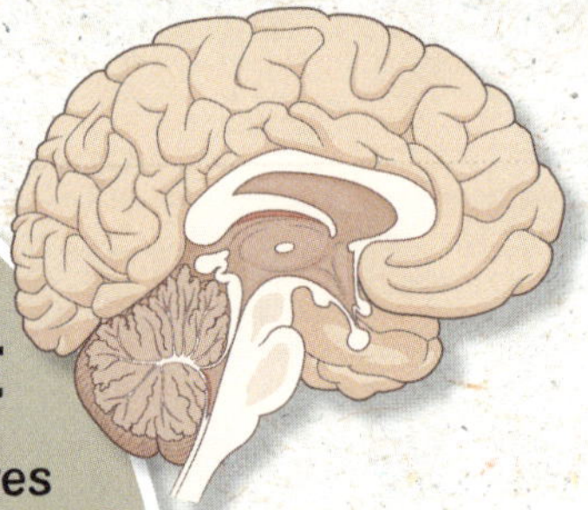

DAS GEHIRN – UNSERE STEUERZENTRALE

Das Gehirn ist das Zentrum unseres Denkens und Fühlens. Es steuert alle anderen Organe und sorgt dafür, dass wir uns bewegen, sprechen und fühlen können. Das Gehirn sendet über das Nervensystem Signale an den Rest des Körpers. Es liegt gut geschützt im Schädel, weil es so wichtig ist.

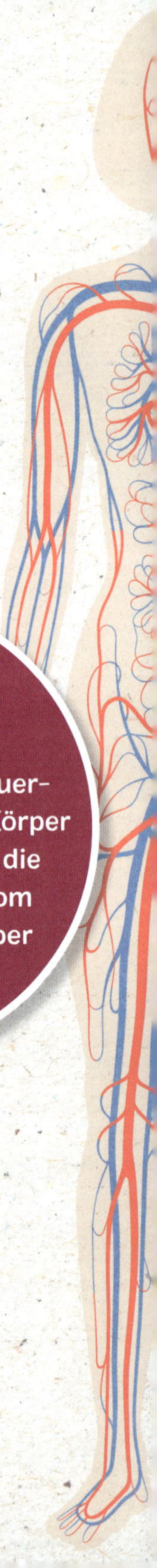

BLUT UND KREISLAUF

Das Blut ist wie ein Transportmittel, das Sauerstoff und Nährstoffe im Körper verteilt. Es fließt durch die Blutgefäße und wird vom Herzen durch den Körper gepumpt.

DER MAGEN UND DIE VERDAUUNG – UNSERE ENERGIELIEFERANTEN

Der Magen und der Darm sorgen dafür, dass die Nahrung, die wir essen, in Energie umgewandelt wird. Wenn wir etwas essen, wird die Nahrung im Mund zerkleinert. Im Magen wird der Nahrungsbrei dann chemisch weiter zerlegt. Danach geht es in den Darm, wo Nährstoffe ins Blut aufgenommen werden. Der Rest, den der Körper nicht braucht, wird wieder ausgeschieden.

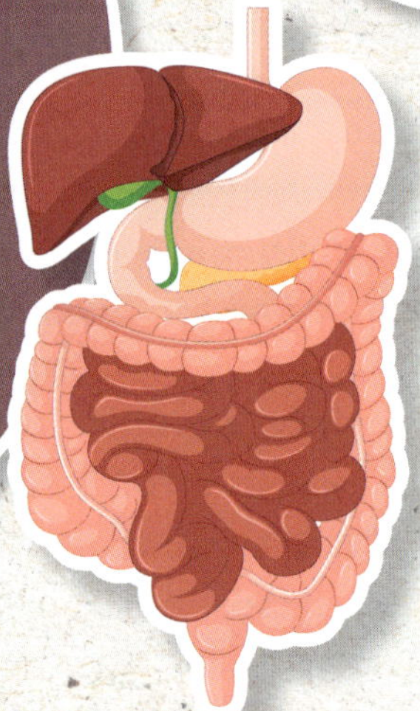

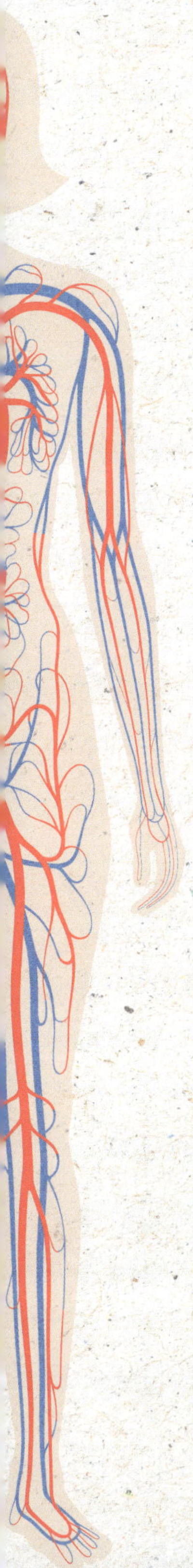

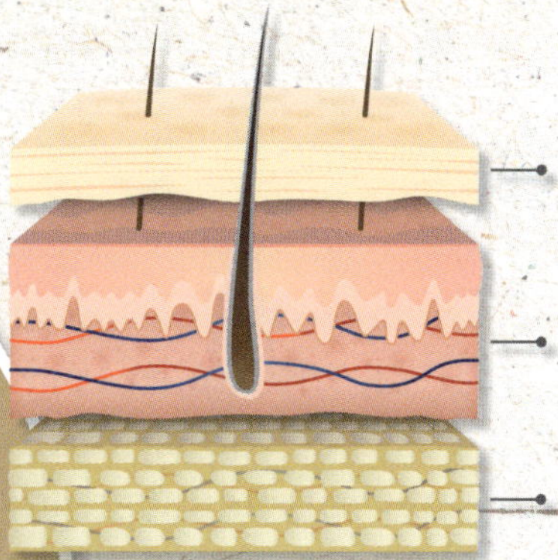

DIE HAUT – UNSER SCHUTZMANTEL

Die Haut ist das größte Organ unseres Körpers und schützt uns vor Verletzungen, Kälte, Hitze und Krankheiten. Sie hilft uns auch, die Temperatur zu regulieren, indem wir schwitzen, wenn uns warm ist. Die Haut besteht aus mehreren Schichten und erneuert sich ständig.

DIE NIEREN – UNSERE FILTER

Die Nieren sind zwei bohnenförmige Organe, die wie ein Filter arbeiten. Sie reinigen das Blut, indem sie Abfallstoffe und überschüssiges Wasser herausfiltern. Diese Abfallstoffe scheiden wir als Urin aus.

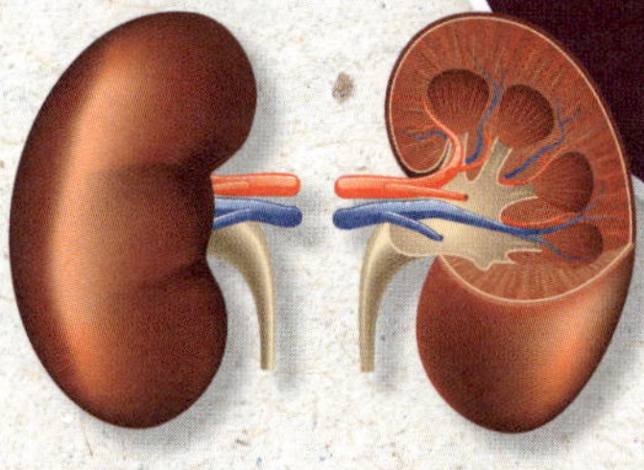

Chemie

Chemie ist überall

Chemie ist die Wissenschaft, die sich damit beschäftigt, woraus alles um uns herum besteht. Alles, was du sehen oder anfassen kannst – ob Wasser, Bäume oder dein Kuscheltier –, besteht aus winzig kleinen Bausteinen, die Atome heißen. Die Chemie erforscht, wie sich diese Atome miteinander verbinden und neue Stoffe bilden.

Chemie ist die Wissenschaft, die sich damit beschäftigt, woraus alles um uns herum besteht. Alles, was du sehen oder anfassen kannst – ob Wasser, Bäume oder dein Kuscheltier, besteht aus winzig kleinen Bausteinen, die Atome heißen. Die Chemie erforscht, wie sich diese Atome miteinander verbinden und neue Stoffe bilden.

Um uns herum laufen ständig chemische Prozesse ab: Wenn du einen Kuchen backst, passiert Chemie, weil der Teig sich durch Hitze verändert. Auch in deinem Körper gibt es ständig chemische Reaktionen, wenn du atmest oder verdaust.

Chemie hilft uns, Medikamente zu entwickeln, Putzmittel und Shampoos herzustellen und neue Materialien zu erfinden. Sogar das Plastik deiner Spielzeuge und deine Gummistiefel wurden durch chemische Prozesse hergestellt.

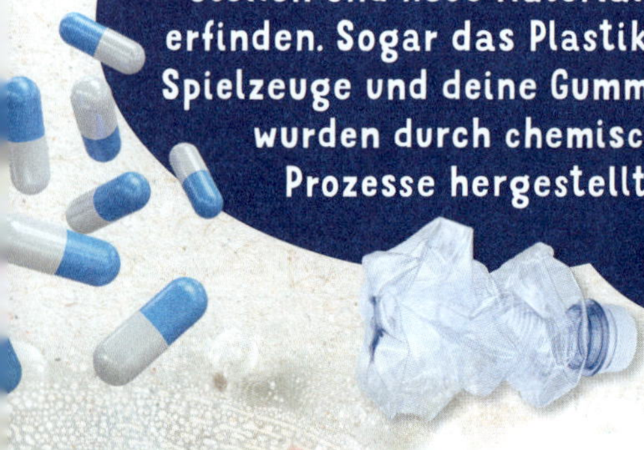

Doch die Chemie hat nicht nur ein positives Image. Manch einer denkt bei Chemie an giftige Dämpfe, verseuchte Flüsse und Unmengen von Plastikmüll. Aber Chemie ist noch viel mehr. Sie hilft uns, Vorgänge besser zu verstehen und Lösungen zu finden, um Probleme wie Umweltverschmutzung oder Krankheiten anzugehen.

DIE HITLISTE DER EINDRUCKSVOLLSTEN CHEMISCHEN REAKTIONEN:

BACKEN

Schon mal zugesehen, wie dein Geburtstagskuchen gebacken wurde? Anfangs ist der Teig noch weich wie Pudding. Doch im Ofen passiert etwas Spannendes: Das Natron im Backpulver reagiert mit einer Säure, zum Beispiel Zitronensäure oder Weinsäure, die ebenfalls im Backpulver steckt. Dabei entsteht ein Gas. Dieses Gas bildet kleine Bläschen, die den Teig auflockern. So geht der Kuchen auf und wird schön fluffig!

ROSTEN

Steht ein Fahrrad oder altes Werkzeug lange im Regen, fängt es an zu rosten. Rost entsteht, wenn das Eisen im Metall mit Wasser und Sauerstoff aus der Luft reagiert. Dieser Prozess nennt sich Oxidation. Je länger ein Gegenstand vor sich hin rostet, desto poröser und brüchiger wird er, bis er am Ende völlig zerstört ist.

VERDAUEN

Wenn du etwas isst, durchläuft das Essen einen chemischen Prozess in deinem Körper, der Verdauung heißt. Dein Magen und Darm nutzen Enzyme, um das Essen in kleine Bausteine aufzuspalten, die dein Körper als Energie und Nährstoffe verwendet.

VERBRENNEN

Wenn eine Kerze brennt, passiert ein chemischer Vorgang: die Verbrennung. Das Wachs schmilzt, der Docht entzündet sich, und die Flamme verbraucht Sauerstoff aus der Luft. Dabei entstehen Wärme, Licht, Kohlendioxid und Wasserdampf. Der gleiche Prozess passiert auch bei einem Lagerfeuer oder wenn Benzin im Motor verbrennt. Ohne Verbrennung gäbe es für uns keine Wärme und keine Energie.

Läuft hier eine chemische Reaktion ab?

Lösung: ja, ja, nein, nein, ja

Die Welt der Atome und Moleküle

Alles um uns herum besteht aus Atomen und Molekülen – egal ob Pflanzen, Tiere, Menschen oder die Luft. Atome sind so klein, dass man sie weder mit bloßem Auge noch mit einem Mikroskop sehen kann.

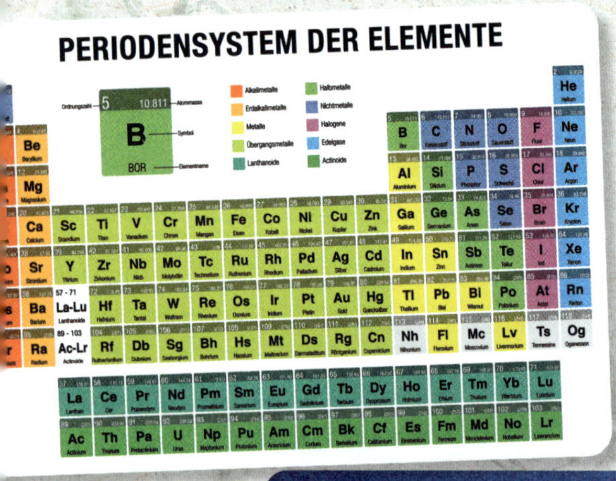

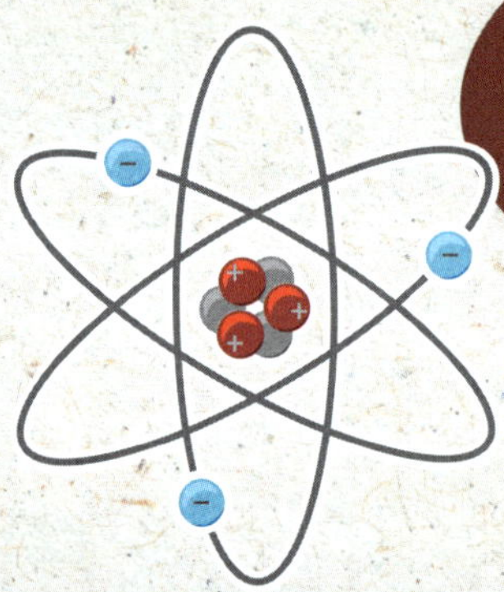

In der Mitte eines Atoms befindet sich der Atomkern. Um diesen Kern kreisen die Elektronen wie eine Hülle.

Es gibt mindestens 118 verschiedene Atomsorten. Sie sind im Periodensystem der Elemente aufgeführt – einer Tabelle aller chemischen Elemente, die es auf der Erde gibt. Ein Element ist ein Stoff, der aus nur einer Art von Atomen besteht, zum Beispiel Eisen, Gold oder Sauerstoff.

Marie Curie entdeckte die radioaktiven Elemente Polonium und Radium – und war die erste Frau, die einen Nobelpreis erhielt.

Moleküle bestehen aus mehreren Atomen, die sich miteinander verbunden haben. Ein sehr bekanntes Molekül ist Wasser (H_2O) – es besteht aus zwei Wasserstoffatomen und einem Sauerstoffatom.

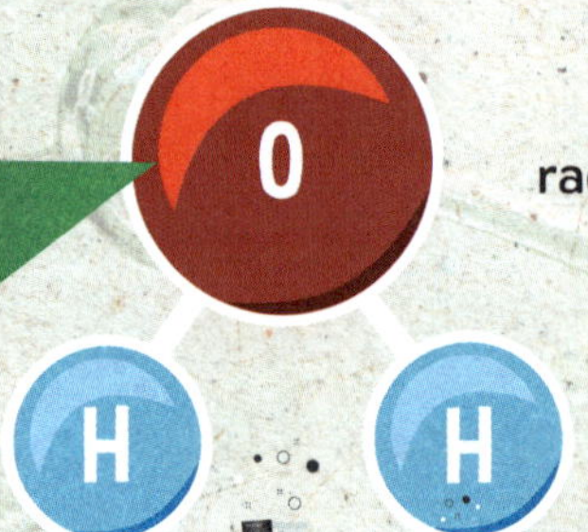

LASSEN SICH MOLEKÜLE VERÄNDERN?

Aber ja! Wenn etwas verbrannt wird oder wenn Medikamente hergestellt werden, verändern sich die Moleküle.

Auch Atome lassen sich verändern. In Atomkraftwerken wird das Element Uran gespalten, um Energie zu gewinnen. Das nennt man Kernspaltung.

Auf der Sonne passiert das Gegenteil: Kleine Atomkerne verschmelzen zu einem größeren, wodurch enorme Hitze entsteht. Der Fachausdruck dafür lautet Kernfusion.

Der Begriff »Atom« stammt übrigens aus dem Griechischen und bedeutet »unteilbar«. Früher dachten die Menschen, dass Atome nicht weiter geteilt werden können. Heute wissen wir, dass sie teilbar sind.

Im Atomkern gibt es zwei Arten von Teilchen: Protonen und Neutronen. Protonen sind positiv geladen und ziehen die negativ geladenen Elektronen an – ähnlich wie Magneten. Die Anzahl der Protonen und Neutronen bestimmt, um welches Atom es sich handelt. Das kleinste Atom ist Wasserstoff, ein farbloses Gas.

Moleküle und Atome bilden die Grundlage für fast alles in unserer Welt. Aber es gibt auch Dinge, die weder Atome noch Moleküle sind, zum Beispiel Licht oder elektrischen Strom. Und vielfach liegen Mischungen aus verschiedenen Atomen oder Molekülen vor, zum Beispiel bei Luft oder Bronze. Die Natur kombiniert diese winzigen Bausteine auf geniale Weise, damit alles um uns herum funktioniert.

Zustände der Materie

Jede Materie auf unserer Welt befindet sich in einem von drei Zuständen: FEST, FLÜSSIG oder GASFÖRMIG. Der Zustand hängt von der Temperatur, aber auch vom Druck ab. Und jedes Teil hat seine eigene Aufgabe!

SCHAUEN WIR UNS DIE DREI ZUSTÄNDE BEI WASSER AN:

Bei Temperaturen unter 0 Grad Celsius friert Wasser zu Eis. Das kennst du von Eiswürfeln oder von einem zugefrorenen See im Winter. Eis ist fest und hart und behält immer die Form, in der es gefroren ist.

Wird es wärmer, schmilzt das Eis und wird wieder zu flüssigem Wasser. Flüssiges Wasser ist das, was aus dem Wasserhahn fließt, als Regen vom Himmel fällt und im Sommer das Becken des Freibads füllt. Es passt sich immer der Form des Gefäßes an, in dem es sich befindet.

Wenn Wasser noch heißer wird, verwandelt es sich in Wasserdampf. Wasserdampf kannst du sehen, wenn Nudeln in einem Topf kochen und heiße Dampfschwaden aufsteigen. Dieser Dampf ist Wasser im gasförmigen Zustand. Er vermischt sich unsichtbar mit der Luft, bis er wieder abkühlt und kleine Tröpfchen bildet.

Bei allen drei Formen – Eis, Wasser und Dampf – handelt es sich um die gleiche Materie in unterschiedlichen Zuständen!

WARUM IST DAS SO?

Atome stehen niemals vollständig still. Selbst in einem festen Körper bewegen sie sich ständig leicht hin und her. Wenn du einen festen Stoff erhitzt, beginnen die Atome stärker zu schwingen.

fest

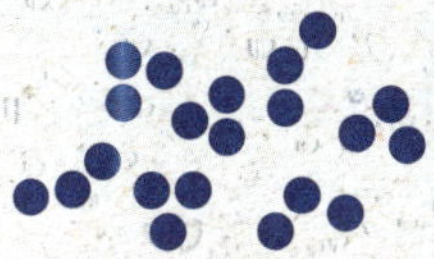

flüssig

Irgendwann schwingen sie so stark, dass sie sich teilweise voneinander lösen. Sie bleiben zwar noch miteinander verbunden, aber nicht mehr fest genug, um die feste Struktur des Stoffes zu behalten – der Stoff wird flüssig. Wenn du diese Flüssigkeit weiter erhitzt, lösen sich die Bindungen zwischen den Molekülen vollständig, und sie driften auseinander. Dann verwandelt sich die Flüssigkeit in ein Gas.

Temperaturpunkte, bei denen sich ein Stoff von fest zu flüssig oder von flüssig zu gasförmig verwandelt,sind je nach Material sehr unterschiedlich. Bei Wasser kennt sie fast jeder: Unter 0 Grad Celsius ist es Eis, über 100 Grad verdampft es zu Wasserdampf, also in den gasförmigen Zustand.

gasförmig

ABER WIE SIEHT ES BEI ANDEREN STOFFEN AUS?

Glas beginnt erst bei über 1500 Grad zu schmelzen! Gold wird bei 1063 Grad Celsius flüssig, Eisen bei 1538 Grad. Kochsalz verflüssigt sich bei 801 Grad. Und Schokolade? – Diese Erfahrung hast du bestimmt schon einmal gemacht: Bereits bei etwa 40 Grad schmilzt sie und läuft dir durch die Finger!

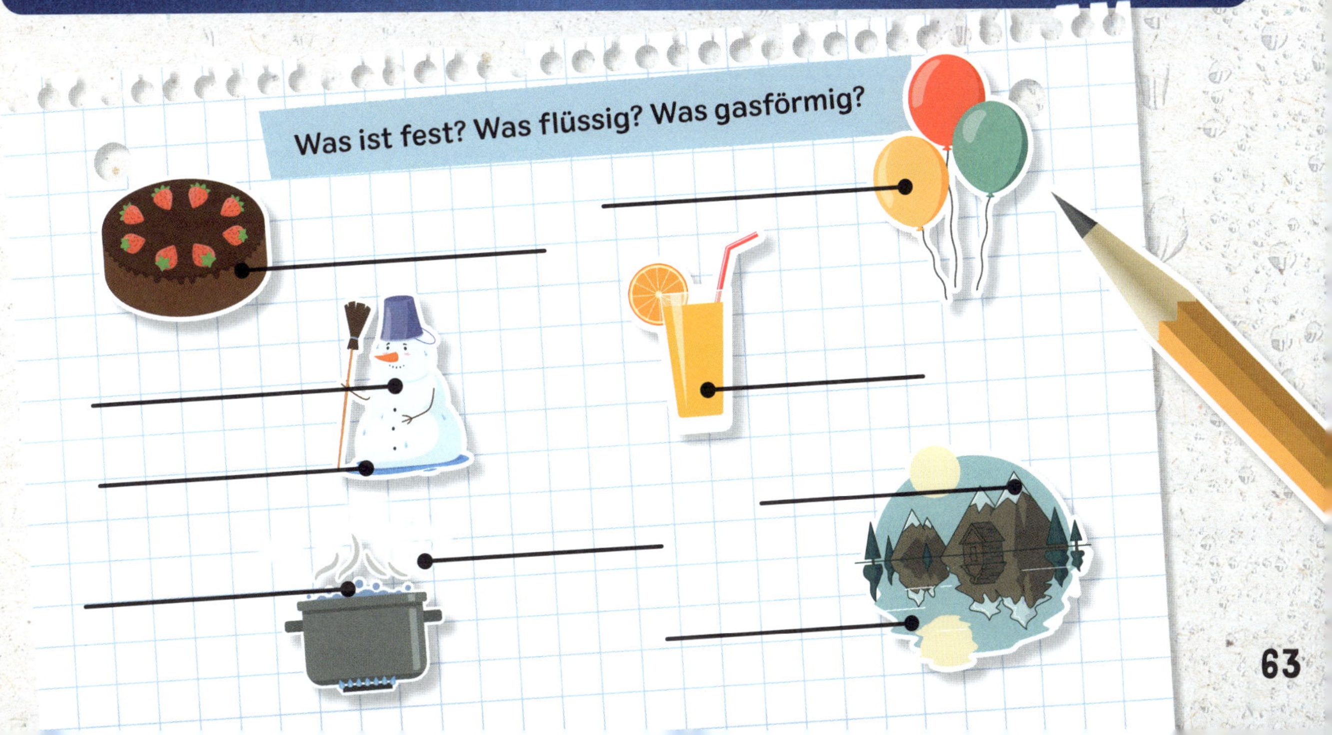

Physik

Hier sind Kräfte am Werk!

Was brauchst du, um einen Ball zu werfen, eine Kiste zu tragen oder Fahrrad zu fahren? Du brauchst Kraft! Kräfte sind wie unsichtbare Helfer, die Dinge bewegen, anhalten oder ihre Richtung ändern können. Sie sind immer um uns herum und wirken auf alles, was wir tun.

Eine Kraft kannst du nicht sehen, aber du kannst ihre Wirkung spüren. Wenn du einen schweren Karton hochhebst, spürst du, dass du Kraft aufwenden musst. Eine Kraft kann etwas in Bewegung bringen – aber sie kann auch Dinge verformen oder stoppen. Wenn du einen Klumpen Knete drückst, veränderst du seine Form. Wenn du bremst, hält dein Fahrrad an.

EIN PAAR BEISPIELE FÜR KRÄFTE:

SCHWERKRAFT – DIE UNSICHTBARE ANZIEHUNGSKRAFT

Die SCHWERKRAFT, auch Gravitation genannt, ist eine der wichtigsten Kräfte, die es gibt. Sie sorgt dafür, dass ein Planet Objekte anzieht, alles auf der Erde bleibt und nicht wegfliegt. Wenn du einen Ball hochwirfst, fällt er immer wieder zurück. Ohne die Erdanziehungskraft würden wir alle wie Astronauten im Weltraum schweben! Auch wenn du auf einer Schaukel schwingst, zieht die Schwerkraft dich jedes Mal wieder nach unten.

REIBUNGSKRAFT – DER BREMSHELFER

Die REIBUNGSKRAFT ist wie eine unsichtbare Bremse. Sie tritt auf, wenn zwei Dinge aneinander reiben, zum Beispiel deine Schuhsohlen und der Boden. Wenn du rennst und plötzlich stehen bleibst, sorgt die Reibungskraft dafür, dass du nicht weiterrutschst. Auf glattem Eis gibt es wenig Reibung, deshalb ist es so schwer, dort zu laufen.

MAGNETKRAFT – ZAUBERKRAFT AUS DER FERNE

Es gibt auch Kräfte, die wirken, ohne dass sich Gegenstände berühren. Eine davon ist die MAGNETKRAFT. Hast du schon einmal beobachtet, wie sich Magnete anziehen oder abstoßen? Diese Kraft wirkt, ohne dass die Magnete direkt miteinander in Kontakt kommen müssen.

SCHREIBE DIE RICHTIGE KRAFT IN DIE LEEREN FELDER!

Zur Auswahl stehen:

› SCHWERKRAFT › REIBUNGSKRAFT
› MAGNETKRAFT › MUSKELKRAFT

1. Du wirfst einen Ball in die Luft und er fällt wieder zu Boden. Welche Kraft zieht ihn nach unten?

KRAFT:

2. Dein Fahrrad bleibt stehen, weil du aufhörst zu treten. Was bremst das Fahrrad ab?

KRAFT:

3. Du hebst deine Schultasche hoch, um sie auf deinem Rücken zu tragen. Welche Kraft benutzt du?

KRAFT:

4. Du hältst einen Magneten neben eine Büroklammer, und die Büroklammer wird angezogen. Welche Kraft wirkt hier?

KRAFT:

5. Beim Rutschen auf der Eisbahn merkst du, dass du kaum bremsen kannst. Welche Kraft ist hier nur schwach vorhanden?

KRAFT:

Lösung: 1 Schwerkraft, 2 Reibungskraft, 3 Muskelkraft, 4 Magnetkraft, 5 Reibungskraft

Was ist eigentlich Energie?

Die Wirkung von Energie lässt sich fast immer beobachten oder wahrnehmen. Bei vielen Vorgängen in der Natur und Technik ist Energie die treibende Kraft.

Energie wird benötigt, um Gegenstände in Bewegung zu setzen oder ihre Geschwindigkeit zu erhöhen. Auch zum Beleuchten, Anheben oder Erwärmen ist Energie erforderlich.

Energie kann die unterschiedlichsten Formen annehmen:

- Chemische Energie
- Elektrische Energie
- Bewegungsenergie
- Wärmeenergie
- Lageenergie

DAS BESONDERE IST: Energie geht niemals verloren! Sie kann von einer Energieform in eine andere umgewandelt werden. Die Wissenschaft nennt dies den Energieerhaltungssatz. Bläst der Wind in ein Windkraftrad, wird die Bewegungsenergie des Windes in elektrische Energie umgewandelt. Springst du von einem Sprungturm ins Wasser, wird deine Lageenergie in Bewegungsenergie umgewandelt. Ein Elektroauto wandelt die chemische Energie der Batterie in Bewegungsenergie um.

Zwar lässt sich eine Energieform in eine andere umwandeln, doch ein Teil der Energie geht dabei häufig verloren. Diese Energie ist zwar nicht verschwunden, aber sie ist für den Menschen nicht mehr nutzbar.

EIN BEISPIEL DAFÜR IST DAS AUTO:
Die chemische Energie des Benzins wird vom Motor in Bewegungsenergie umgewandelt. Doch wenn das Auto wieder steht, ist diese Energie nicht mehr verfügbar – ein großer Teil wurde in Form von Wärme und Reibung an die Umgebung abgegeben.

Ein anderes Beispiel ist die Glühbirne, der Vorgänger der LED-Lampen. Eine Glühbirne verwandelt elektrische Energie in Licht, doch nur ein Zwanzigstel davon wird tatsächlich in Licht umgewandelt. Der Rest wird in Form von Wärme an die Umgebung abgegeben.

DER FACHAUSDRUCK DAFÜR LAUTET WIRKUNGSGRAD:
Ein hoher Wirkungsgrad bedeutet, dass ein großer Teil der zugeführten Energie effizient genutzt wird.

WELCHE ENERGIEFORM WIRD GEBRAUCHT?

WÄRMEENERGIE? BEWEGUNGSENERGIE? LICHTENERGIE? CHEMISCHE ENERGIE?

Welche Energie nutzt du beim Fahrradfahren?

ANTWORT:

Im Ofen backt ein leckerer Kuchen.
Welche Energieform hilft ihm dabei?

ANTWORT:

Du machst deine Schreibtischlampe an, um Hausaufgaben zu machen. Welche Energieform gibt die Lampe ab?

ANTWORT:

An einem sonnigen Tag wärmt die Sonne dein Gesicht und lässt die Pflanzen im Garten wachsen. Welche Energie liefert uns die Sonne?

ANTWORT:

Dein Papa holt dich mit seinem alten Diesel-Auto vom Sport ab. Welche Energieform treibt das Auto an?

ANTWORT:

Lösung: Bewegungsenergie, Wärmeenergie, Lichtenergie, Wärmeenergie & Lichtenergie, Chemische Energie

Licht und Schatten

Was ist eigentlich Licht?

Licht ist eine energiereiche Strahlung, die aus winzigen Teilchen, den Photonen, besteht. Die Sonne, Lampen oder auch eine Kerze sind Lichtquellen, die ihre Strahlen in alle Richtungen schicken.

Aber wir sehen nicht nur das Licht, das direkt von einer Lichtquelle ausgeht. Wenn das Licht auf einen Gegenstand trifft, wird ein Teil davon zurück in den Raum reflektiert. Dieses zurückgeworfene Licht gibt uns wichtige Informationen darüber, welche Farbe der Gegenstand hat, welche Form er hat und wo er sich befindet. Wenn du im Dunklen deine Zimmertür öffnest, ist es nicht mehr möglich, die Farben deiner Kissen und Kuscheltiere zu bestimmen. Du kannst höchstens noch sehen, ob sie hell oder dunkel sind.

Licht ist unglaublich schnell. Es bewegt sich mit einer Geschwindigkeit von etwa 300 000 Kilometern in einer Sekunde! Das bedeutet, dass das Licht in einer Sekunde siebenmal um die ganze Erde reisen könnte. Wenn du draußen bist und die Sonne scheint, braucht das Sonnenlicht nur etwa 8 Minuten, um von der Sonne zur Erde zu gelangen!

Licht bewegt sich immer in einer geraden Linie, um die Kurve kann es nicht.

SCHATTENBILDUNG

Licht kann aber auch blockiert werden. Ist ein Gegenstand im Weg, kann das Licht nicht weiter geradeaus strahlen und es entsteht ein Schatten.

Stelle eine undurchsichtige Trinkflasche vor eine weiße Wand. Leuchte mit einer Taschenlampe auf die Flasche und verändere den Abstand und den Winkel. Wie ändert sich der Schatten? Wird er größer? Wird er kleiner?

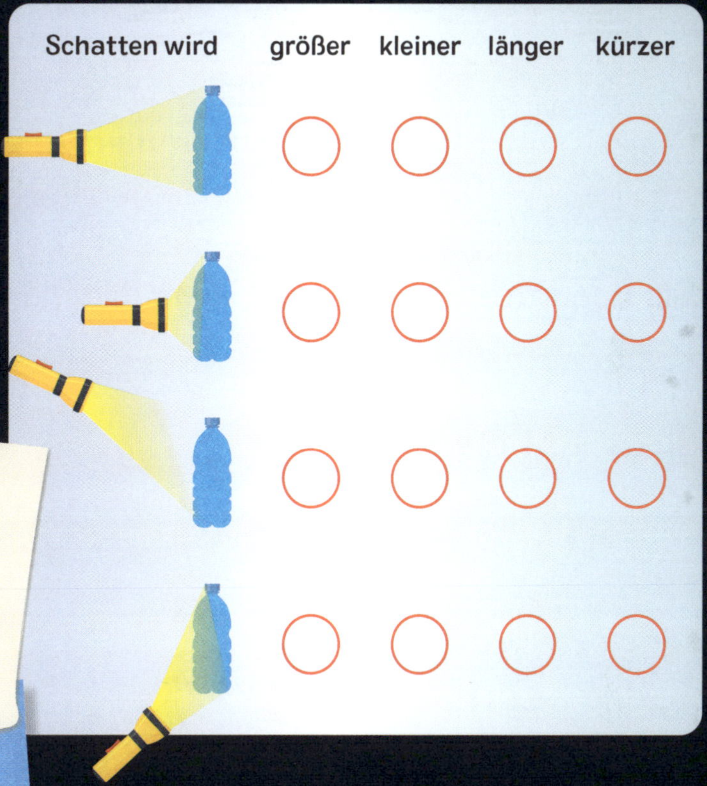

WARUM IST EIN SCHATTEN MAL GROSS UND MAL KLEIN?

Das Licht einer Taschenlampe breitet sich kegelförmig aus – also nicht gerade, sondern etwas auseinander. Wenn du einen Gegenstand ganz nah an die Lampe hältst, blockiert er mehr Licht, und der Schatten an der Wand wird größer. Hältst du den Gegenstand weiter weg, fällt mehr Licht an ihm vorbei – der Schatten wird kleiner.

Auch die Richtung des Lichts spielt eine Rolle. Wenn das Licht von der Seite kommt, wird der Schatten lang und zieht sich weit. Das kannst du draußen sehen: Kurz vor Sonnenuntergang sind die Schatten von Menschen oder Bäumen ganz lang.

Mittags, wenn die Sonne von oben scheint, sind die Schatten klein und kurz.

Am Äquator, wo die Sonne senkrecht steht, ist der Schatten manchmal kaum zu sehen.

Lösung: kleiner, größer, kürzer, länger

Ist Licht wirklich weiß?

Weißes Licht erscheint uns farblos, doch tatsächlich setzt es sich aus vielen verschiedenen Farben zusammen. Ein Prisma zerlegt das Licht so, dass die einzelnen Farben erkennbar werden. Genau das passiert bei einem Regenbogen: Die Regentropfen wirken wie ein Prisma und teilen das Sonnenlicht in seine Spektralfarben auf.

WIE ENTSTEHEN FARBEN?

Das Licht jeder Farbe hat eine andere Wellenlänge. Die Wellenlänge bestimmt, wie stark das Licht beim Durchgang durch ein Prisma abgelenkt wird. Da jede Farbe unterschiedlich abgelenkt wird, tritt sie an einer anderen Stelle aus dem Prisma wieder aus.

Weißes Licht ist also in Wirklichkeit eine Mischung aus den Spektralfarben: Rot, Orange, Gelb, Grün, Blau, Indigo und Violett. Diese Spektralfarben lassen sich nicht weiter aufteilen – jede von ihnen ist die »reinste« Form von Licht.

Wenn du eine der Spektralfarben durch ein Prisma sendest, erscheint auf der anderen Seite wieder die gleiche Farbe.

In welcher Reihenfolge erscheinen die Regenbogenfarben?

Was fällt dir auf? Die Reihenfolge der Farben ist immer gleich!

WELCHE FARBEN GEHÖREN NICHT ZU DEN SPEKTRALFARBEN:

◯ Rot, ◯ Orange, ◯ Braun, ◯ Gelb,
◯ Grün, ◯ Schwarz, ◯ Blau,
◯ Indigo, ◯ Violett, ◯ Grau

DER GANZE VORGANG LÄSST SICH AUCH UMDREHEN:

Kommen alle Farben wieder zusammen, sehen wir sie als weißes Licht.

Du kannst es ausprobieren! Male auf weiße Pappe einen Farbkreisel in Regenbogenfarben. Durchbohre die Mitte mit einem Stift und setze deinen Kreisel in Bewegung. Was passiert mit den Regenbogenfarben? Dein Gehirn legt die einzelnen Farbsegmente übereinander und es entsteht eine grauweiße Fläche.

Warum ist das so?
Unser Gehirn kann nur etwa 15 Bilder pro Sekunde auseinanderhalten. Erscheinen mehr Bilder, legt dein Gehirn die Bilder übereinander. Aus den einzelnen Farben entsteht eine Mischfarbe.

Lösung: Reihenfolge: Rot, Orange, Gelb, Grün, Blau, Indigo, Violett. Grau, Braun und Schwarz gehören nicht zu den Spektralfarben.

Schall und Akustik

Warum hören wir Töne?

Schall ist eine unsichtbare Schwingung oder Vibration, die durch die Luft übertragen wird.

Wenn du in die Hände klatschst, versetzt du die Luftteilchen in Bewegung und erzeugst Schallwellen. Diese Schallwellen bewegen sich durch die Luft und gelangen in deine Ohren. Dort treffen sie auf dein Trommelfell und bringen es zum Schwingen. Diese Schwingungen erkennt dein Gehirn als Geräusche oder Töne. So kannst du Musik hören, Menschen sprechen oder Vögel singen hören!

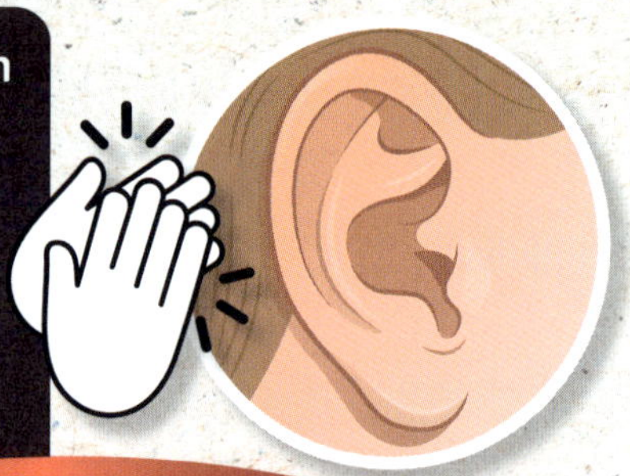

Im Weltall, wo es keine Luft gibt, gibt es übrigens auch keinen Schall. Dort herrscht absolute Stille!

Der Begriff für die Lehre vom Schall in der Physik heißt Akustik. Sie befasst sich damit, wie sich Schall ausbreitet, und untersucht die Bedingungen dafür. Schall wird nämlich nicht nur durch die Luft übertragen, sondern kann sich auch über Metall, Wasser und andere Materialien weiterverbreiten.

WARUM SIND TÖNE MAL LEISE UND MAL LAUT?

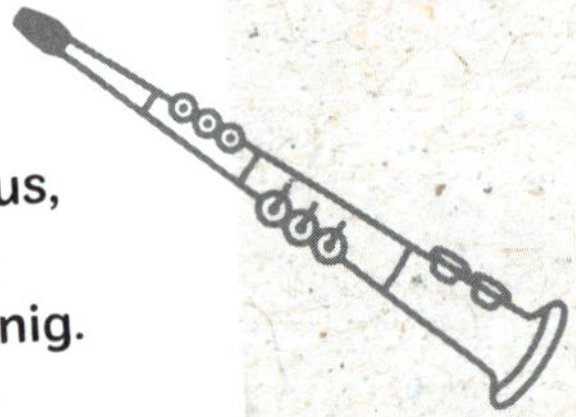

Findet eine Explosion statt oder stößt du einen Schrei aus, werden die Luftteilchen in eine starke Wellenbewegung versetzt. Flüsterst du, bewegen sich die Teilchen nur wenig. Die Lautstärke eines Tons wird durch die Amplitude der Schwingungen bestimmt.

Die Amplitude ist die Größe oder Höhe der Schallwelle. Je größer die Amplitude ist, desto lauter ist der Ton.

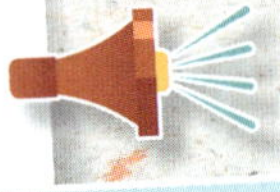

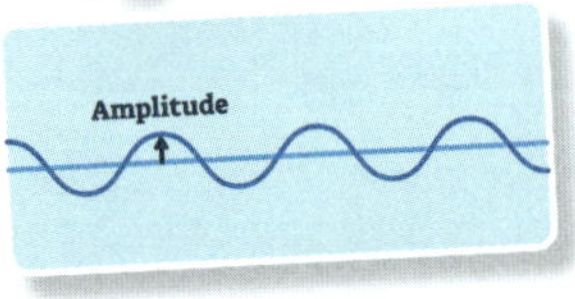

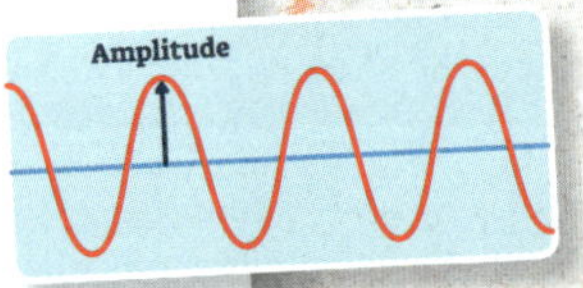

WARUM SIND MANCHE TÖNE HOCH UND MANCHE TIEF?

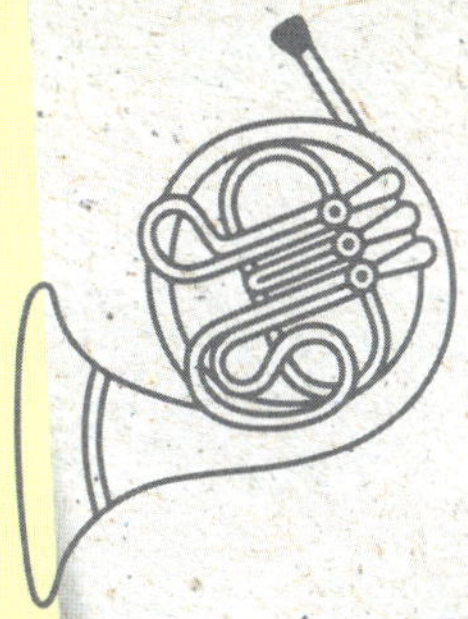

Töne besitzen die unterschiedlichsten Klangfarben. Wenn eine Maus quietscht oder ein kleiner Vogel zwitschert, hörst du einen hohen Ton. Das Brüllen eines Löwen oder die Akkorde einer Bassgitarre klingen tief.

Ob ein Ton hoch oder tief ist, hängt von seiner Frequenz ab. Die Frequenz gibt an, wie viele Wellenbewegungen pro Sekunde stattfinden.

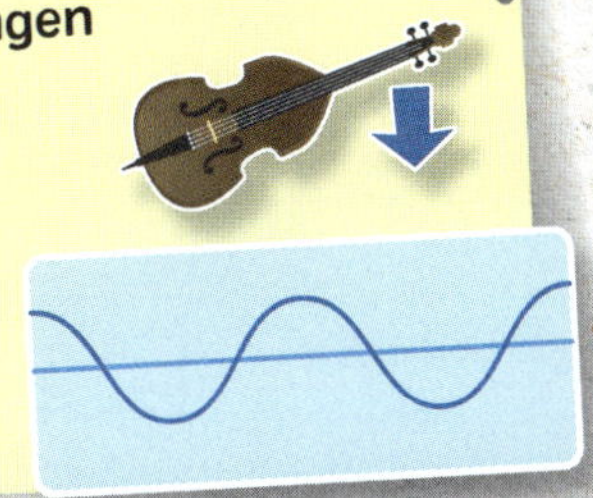

Bei einem tiefen Ton breiten sich nur wenige Wellen pro Sekunde aus, bei einem hohen Ton sind es viele Wellen.
Je größer die Frequenz, desto höher der Ton!

Fülle drei gleiche dünnwandige Gläser unterschiedlich hoch mit Wasser. Schlage mit einer Gabel vorsichtig gegen das Glas. Wie verändert sich der Ton abhängig von der Füllhöhe?

Tonhöhe	hoch	mittel	tief
Volles Glas			
Mittelvolles Glas			
Fast leeres Glas			

WAS IST DA LOS?

Je voller das Glas, desto größer die Masse und desto geringer die Frequenz. Das volle Glas kann weniger gut schwingen. Die Töne klingen tiefer, je mehr Wasser sich im Glas befindet.

Lösung: volles Glas: tief, mittelvolles Glas: mittel, fast leeres Glas: hoch

Welche Materialien können Schall transportieren?

Schall wird nicht nur durch die Luft übertragen. Auch Wasser ist ein guter Schallleiter. Wale und Delfine kommunizieren über weite Entfernungen hinweg, indem sie Schallwellen durchs Wasser senden.

Auch der Erdboden kann Schall übertragen. Ein weit entferntes Erdbeben ist nicht nur spürbar, sondern auch hörbar. Amerikanische Ureinwohner hielten ihr Ohr auf den Boden, um herannahende Reitertruppen zu hören. Holz und Metall sind ebenfalls in der Lage, Schallwellen zu übertragen. Wenn du an Bahngleisen stehst, hörst du den Zug schon, bevor du ihn siehst: Die Schienen beginnen zu sirren.

WELCHES MATERIAL LEITET DEN SCHALL AM BESTEN?

Lege dein Ohr auf eine hölzerne Tischplatte und klopfe mit einem Löffel auf die Platte.

Hörst du, wie gut die Holzplatte das Klopfgeräusch überträgt? Teste verschiedene Materialien!

			nicht so toll
Holzplatte			
Kunststoffplatte			
Glas			
Sofakissen			
Teppich			
Fliesen			

WIE SCHNELL IST DER SCHALL?

Schall breitet sich in der Luft mit einer Geschwindigkeit von etwa 340 Metern pro Sekunde aus. Das ist ziemlich schnell, aber nicht so schnell wie das Licht. Ein gutes Beispiel dafür ist ein entferntes Gewitter.

Wenn du einen Blitz siehst, aber den Donner erst später hörst, kannst du ausrechnen, wie weit das Gewitter entfernt ist. Zähle die Sekunden, bis du den Donner hörst. Für einen Kilometer braucht er 3 Sekunden.

Wenn du die gezählten Sekunden durch 3 teilst, erhältst du die Entfernung des Gewitters in Kilometern. Liegen zwischen Blitz und Donner 9 Sekunden, ist das Gewitter rund 3 Kilometer entfernt.

WELCHE FREQUENZEN KANN DER MENSCH HÖREN?

Tiefe Töne besitzen eine Frequenz von etwas unter 50 Hertz. Die höchsten Töne, die wir wahrnehmen können, liegen bei rund 20 000 Hertz.

Besonders angenehm ist der Bereich zwischen 500 und 4000 Hertz für uns. In diesem Bereich liegen auch die menschliche Sprache und die Musik.

Töne unter 16 Hertz bezeichnet man als Infraschall, Töne über 20 000 Hertz als Ultraschall. Diese Töne sind für das menschliche Ohr nicht hörbar. Doch manche Tiere wie Fledermäuse, Wale oder Delfine nehmen diese hochfrequenten Töne wahr und nutzen sie zur Orientierung.

Elefanten wiederum nutzen sehr tiefe Infraschall-Töne für ihre Kommunikation und können sich damit über große Distanzen verständigen.

Heinrich Rudolf Hertz gilt als der Entdecker elektromagnetischer Wellen.

Hertz ist eine Einheit, die angibt, wie oft etwas in einer Sekunde passiert – zum Beispiel wie oft etwas schwingt oder wackelt. Wenn ein Ton 100 Hertz hat, bedeutet das, dass die Schallwellen 100-mal pro Sekunde schwingen.

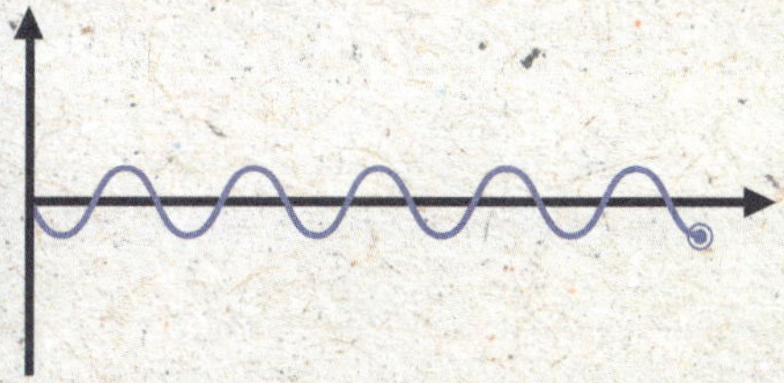

GEOLOGIE

Gesteine, Schichten und Vulkane

Geologie ist die Wissenschaft, die sich mit der Entstehung und Zusammensetzung der Erde beschäftigt. Die Forscher untersuchen Gesteine, Berge und Vulkane. Jeder Stein erzählt uns etwas über ihre Entstehung!

GESTEINE UND IHRE GEHEIMNISSE

Überall um uns herum gibt es Gesteine. Egal, ob auf einem Spaziergang durch den Wald, am Strand oder in den Bergen, Steine findest du überall.

Doch Stein ist nicht gleich Stein: Es gibt magmatische Gesteine, die entstehen, wenn heißes, flüssiges Gestein, sogenanntes Magma, unter der Erde abkühlt und hart wird. Ein Beispiel dafür ist Basalt.

Sedimentgesteine entstehen durch Sand, Schlamm und kleine Teilchen, die im Laufe der Zeit zu harten Schichten zusammengepresst werden. Ein bekanntes Sedimentgestein ist Sandstein. Und es gibt metamorphe Gesteine. Diese entstehen, wenn andere Gesteine durch hohen Druck und Hitze tief in der Erde umgewandelt werden. Marmor ist ein solches Gestein.

GRÜSSE AUS DER VERGANGENHEIT

Fossilien sind versteinerte Überreste oder Abdrücke von Pflanzen und Tieren, die vor Millionen Jahren lebten. Sie entstehen, wenn Lebewesen nach ihrem Tod von Sedimenten bedeckt werden und sich über lange Zeiträume in Gestein verwandeln.

DIE SCHICHTEN DER ERDE: RIESENPFIRSICH MIT HEISSEM KERN

Unsere Erde ist schalenförmig aufgebaut. Sie besteht aus der Erdkruste, dem Erdmantel und dem Erdkern.

Der Aufbau ähnelt einem Pfirsich: Die Erdkruste ist die hauchdünne Schale, die die Kugel umgibt. Sie besteht aus felsigem Gestein und ist etwa 40 Kilometer dick.

Unter der Erdkruste liegt der Mantel. Er ist viel dicker und besteht aus heißem, weichem Gestein – bei unserem Pfirsich das saftige Fruchtfleisch. Es herrschen Temperaturen zwischen 500 und 3000 Grad. In manchen Bereichen ist es so heiß, dass das Gestein schmilzt und zu Magma wird.

Im Inneren befindet sich der Erdkern. Er besteht hauptsächlich aus Eisen und hier geht es temperaturtechnisch richtig zur Sache: Im Kern herrschen Temperaturen von bis zu 6500 Grad!

Der Kern ist in zwei Teile unterteilt: Der äußere Kern ist flüssig und der innere Kern ist fest, weil der Druck dort so hoch ist.

Vulkane – Feuerberge der Erde

Ein Vulkan ist ein riesiger Berg, in dessen Innerem heißes, flüssiges Gestein schlummert. Es heißt Magma. Manchmal bricht dieses Magma durch die Oberfläche der Erde aus und fließt als heiße, glühende Lava den Vulkan hinunter. Solche Vulkanausbrüche können ziemlich gefährlich sein, aber sie sind spektakulär anzusehen!

Vulkane haben meist eine besondere Form: Es sind Berge, bei denen die Spitze fehlt. Stattdessen haben sie dort eine rundliche Vertiefung, genannt Krater. Die Kante oben ist der Kraterrand.

Auf der Erde gibt es etwa 1500 aktive Vulkane. »Aktiv« bedeutet, dass es im Berg rumort und dass er ausbrechen kann. Es gibt auch schlafende Vulkane, die seit vielen Jahren nicht mehr ausgebrochen sind, und erloschene Vulkane, die wahrscheinlich nie wieder aktiv werden.

Vulkane entstehen oft dort, wo sich die Erdplatten – riesige Stücke der Erdkruste – verschieben. Wenn sie auseinanderdriften oder zusammenstoßen, kann Magma nach oben gedrückt werden. Ein berühmtes Beispiel ist der Vesuv in Italien, der vor langer Zeit die Stadt Pompeji unter einer Schicht aus Asche und Lava begraben hat. Der höchste Berg Afrikas, der Kilimandscharo, ist ebenfalls ein Vulkan.

Welche Aussagen sind richtig?

a) Ein Vulkan spuckt flüssiges Gestein, das Magma genannt wird. ☐

b) Im Erdkern herrschen Kühlschranktemperaturen. ☐

c) Fossilien sind versteinerte Überreste von Pflanzen und Tieren. ☐

d) Gesteine können durch Druck und Hitze ihre Form verändern. ☐

e) Diamanten sind weich und zerbrechlich. ☐

Lösung: richtig sind a, c, d.

ASTRONOMIE

Eine Reise ins Weltall

Astronomie ist die Wissenschaft, die sich mit dem Weltall beschäftigt. Sie hilft uns, mehr über Sterne, Planeten und alles andere im Universum zu erfahren.

Das Universum ist unvorstellbar groß und enthält Milliarden von Galaxien, Sternen und Planeten. Doch wie groß es wirklich ist, wissen wir nicht genau, da es sich ständig ausdehnt. Auch die Form des Universums bleibt ein Rätsel – es könnte flach, kugelförmig oder etwas ganz anderes sein.

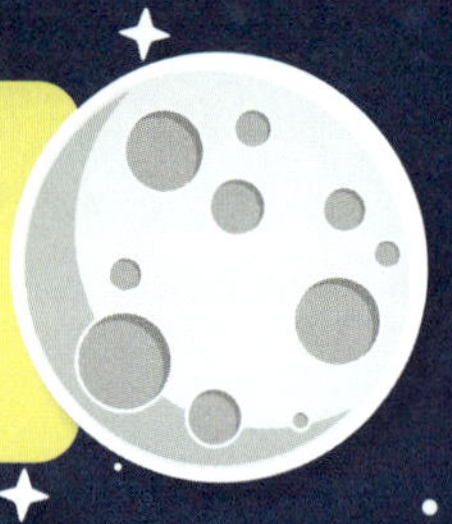

DIE ERDE UND UNSER SONNENSYSTEM

Unser Sonnensystem besteht aus der Sonne und den acht Planeten, die um sie kreisen. Die Sonne ist ein Stern – ein riesiger, glühender Ball aus Gas. Sie gibt uns Licht und Wärme. Ohne die Sonne wäre kein Leben auf unserer Erde möglich.

Merkur: Der kleinste Planet.
Venus: Der heißeste Planet.
Erde: Der einzige Planet unseres Sonnensystems, auf dem es Leben gibt.
Mars: Trägt den Beinamen »Roter Planet«, da seine Oberfläche durch Eisenoxid rötlich erscheint.
Jupiter: Größter Planet in unserem Sonnensystem und bekannt für seine mächtigen Stürme.
Saturn: Bekannt für seine beeindruckenden Ringe aus Eis und Gestein.
Uranus: Fällt durch seine ungewöhnliche Drehachse auf, die fast waagerecht liegt, sowie seine bläulich-grüne Farbe.
Neptun: Bekannt für seine tiefblaue Farbe und die schnellsten Winde!

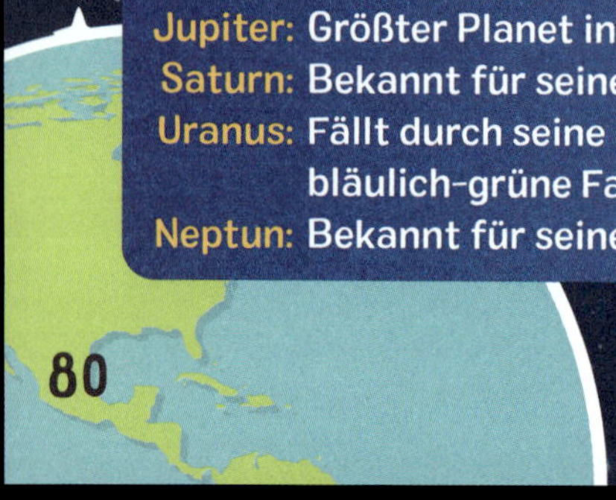

STERNE UND GALAXIEN

Neben den Planeten gibt es im Weltall unzählige Sterne. Sterne sind heiße, leuchtende Bälle aus Gas, ähnlich wie unsere Sonne. In einer klaren Nacht kannst du viele Sterne am Himmel sehen. All diese Sterne sind Teil einer riesigen Gruppe von Sternen. Diese Gruppe nennt man Galaxie. Unsere Galaxie heißt Milchstraße. Von der Erde aus gesehen sieht sie wie ein riesiges Band von Sternen aus, das sich über den Himmel erstreckt.

Das Weltall beginnt etwa 100 Kilometer über der Erdoberfläche

SCHWARZE LÖCHER UND ANDERE GEHEIMNISVOLLE DINGE

Im Weltall gibt es einiges, was wir Menschen noch nicht ganz verstehen. Dazu zählen schwarze Löcher.
Ein schwarzes Loch entsteht, wenn ein großer Stern »stirbt« und zu einem winzigen Punkt zusammenfällt. Nichts kann ihm entkommen – nicht einmal das Licht!

WIE ENTDECKEN WIR DAS WELTALL?

Wissenschaftler nutzen riesige Teleskope und Satelliten, um weit ins All zu schauen. Sie schicken sogar Raumsonden und Roboter zu anderen Planeten, um dort nach neuen Entdeckungen zu suchen. Vielleicht werden Menschen eines Tages auf dem Mars leben!

BIST DU FIT FÜR DEN WELTRAUM?

o Die Sonne ist ein ....

o Der heißeste Planet im Sonnensystem ist ....

o Eine Gruppe von Sternen nennt man ....

o Ein schwarzes Loch entsteht, wenn ein großer .... stirbt.

o Unsere Galaxie heißt ....

Lösung: Stern, Venus, Galaxie, Stern, Milchstraße

TECHNIK

Wie Technik unser Leben prägt

Technik ist aus unserem Leben nicht mehr wegzudenken. Täglich nutzen wir Dinge wie Handys, Computer, Autos oder schalten das Licht und die Heizung an. Auch Kochen, Filme schauen oder Chatten wäre ohne Technik nicht möglich.

Vor über 200 Jahren sah das ganz anders aus: Die meisten Menschen waren arm, kochten mit Kohleöfen, hatten nur Kerzenlicht und kaum medizinische Hilfe. Zwar hatten schon die Ägypter und Römer einige geniale Erfindungen gemacht, doch im Mittelalter legte die Menschheit erst einmal eine längere Denkpause ein. Das Zeitalter der Aufklärung läutete die Wende ein. Bildung und Wissenschaft rückten in den Vordergrund und schon bald jagte eine Erfindung die nächste!

ENERGIEVERSORGUNG

Die Versorgung mit elektrischer Energie ist das Herzstück moderner Technik. Ohne Strom läuft nichts mehr: kein fließendes Wasser, kein Licht – und Geräte wie Waschmaschinen, Kühlschränke und Aufzüge kommen zum Stillstand. Auch Telefon und Internet funktionieren nicht mehr. Elektrische Energie wird in großen Kraftwerken erzeugt, die verschiedene Energiequellen nutzen,wie Kohle, Wasserkraft oder Gas. Doch auch erneuerbare Energien spielen eine immer wichtigere Rolle bei der Energieversorgung.

MOBILITÄT

Ob zu Fuß, mit dem Fahrrad, Auto oder Zug – Mobilität ist ein wichtiger Teil unseres Lebens! Autos, Busse und Züge bringen uns schnell von Ort zu Ort. Mit Flugzeugen lassen sich ferne Länder in nur wenigen Stunden erreichen. Früher dauerten solche Reisen Wochen und Monate. Und die Entwicklung ist noch lange nicht am Ende: Selbstfahrende Autos, Drohnen und Hyperloop-Züge könnten die Art, wie wir uns fortbewegen, in den kommenden Jahren noch einmal deutlich verändern.

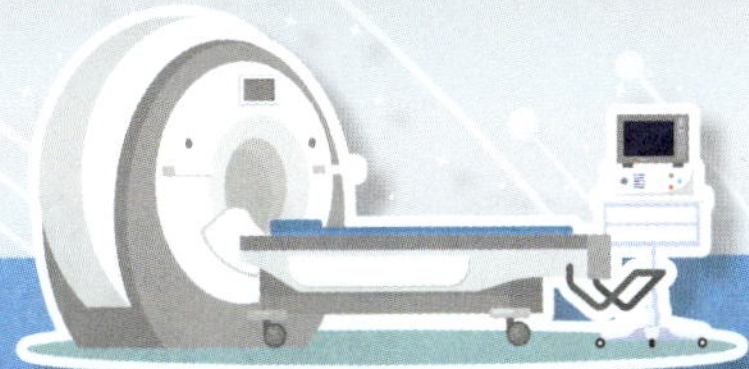

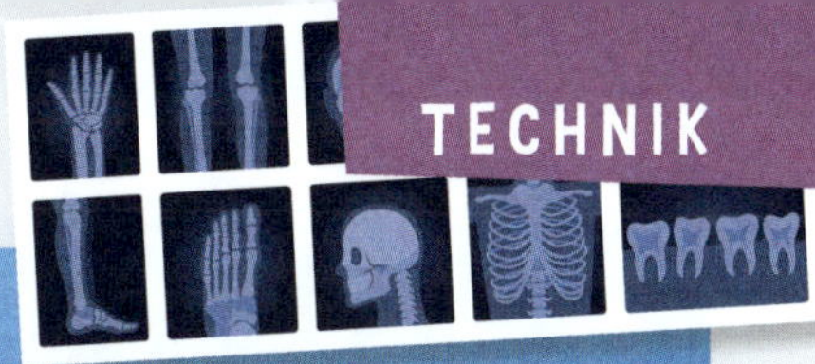

MEDIZIN UND GESUNDHEIT

In der Medizin hat die Technik große Fortschritte gebracht. Dank moderner Technik lassen sich viele Krankheiten erkennen und behandeln. Röntgengeräte und MRT-Scanner erlauben es, in den Körper zu schauen, ohne dass eine Operation nötig ist. Operationen werden durch Robotertechnik immer präziser. Und auch Impfstoffe und Medikamente werden mithilfe von Technik entwickelt.

KOMMUNIKATION

Lange Zeit haben Menschen Briefe geschrieben, die Tage oder sogar Wochen unterwegs waren, bis sie den Empfänger erreichten. Heute können wir mit Menschen auf der ganzen Welt in Echtzeit sprechen. Egal ob per Videoanruf, Nachricht oder E-Mail – die Kommunikation war noch nie so einfach und schnell. Gleiches gilt für Nachrichten und wichtige Informationen: Technik ermöglicht es uns, Neuigkeiten in Sekundenschnelle zu erfahren und zu teilen.

MASCHINEN UND INDUSTRIELLE FERTIGUNG

Fast alles, was wir täglich nutzen, vom T-Shirt übers Handy bis zum Müsli oder Kuscheltier, wird heute in Fabriken hergestellt. Früher machten das Handwerker wie Schneider, Schuster oder Müller. Heute erledigen das meist Maschinen. Sie produzieren schnell und in großen Mengen, sodass die Dinge für viele Menschen bezahlbar sind. Vor 100 Jahren war es zum Beispiel nicht normal, dass jedes Kind ein Paar Schuhe hatte.

Welche Technik nutzt du?

Schreibe auf, welche technischen Geräte du heute benutzt hast. Denke dabei auch an Dinge, die du vielleicht nicht sofort mit Technik in Verbindung bringst, wie das warme Wasser aus der Dusche.

7.00 Uhr elektrische Zahnbürste

Einfache Maschinen

Hebel, Zahnräder & Co.

Maschinen sind keine Erfindung der Neuzeit. Klar sehen sie heute anders aus als vor 1000 Jahren. Heute sind Maschinen komplizierte Konstruktionen, angetrieben durch Motorkraft, gesteuert durch Software. Aber die Grundidee ist die gleiche wie früher, nämlich: Wie kann ich anstrengende Arbeit einfacher und besser verrichten?

DER HEBEL: SO EINFACH – SO GENIAL!

Der Hebel ist vermutlich eine der ältesten Maschinen, die der Mensch erfunden hat. Er besteht aus einem langen Stab, der sich auf einen Punkt stützt. Durch den Hebel verstärkt sich die Kraft der Bewegung. Dadurch kannst du mit wenig Kraft etwas Schweres bewegen.

Der Hebel wird seit Jahrtausenden genutzt. Die Menschen bewegten damit schwere Steine beim Bau von Pyramiden, Kathedralen und Burgen. Heute findest du das Prinzip des Hebels in vielen Werkzeugen wie Scheren, Zangen oder Hebebühnen.

Ein einfaches Beispiel für einen Hebel ist eine Wippe auf dem Spielplatz. Sind beide Kinder gleich schwer und sitzen etwa gleich weit vom Drehpunkt entfernt, ist die Wippe im Gleichgewicht. Sitzt aber ein Kind weiter vorne, bewegt es sich nach oben, da sein Gewicht durch den kürzeren Hebel weniger Einfluss hat.

ZAHNRÄDER: KLEINE RÄDER, GROSSE WIRKUNG

Ein weiteres Erfinder-Highlight sind Zahnräder! Ein Zahnrad ist ein Rad mit kleinen Zähnen an den Rändern. Wenn zwei Zahnräder sich berühren, greifen die Zähne ineinander. Dreht sich das eine Rad, dreht sich das andere ebenfalls. Damit lassen sich Bewegungen und Kräfte übertragen und verstärken.

Ein einfaches Beispiel, wie Zahnräder wirken, sind Fahrräder. Trittst du in die Pedale, drehen sich Zahnräder, die die Kette bewegen und schließlich die Räder antreiben. Zahnräder sind auch in Uhren, Autos und sogar in Spielzeugen zu finden. Sie ermöglichen es, Bewegungen präzise zu steuern und Kraft auf verschiedene Teile einer Maschine zu verteilen.

WASSERMÜHLEN UND WINDMÜHLEN

Wassermühlen und Windmühlen verwenden die Kraft des Wassers oder des Windes, um ein großes Rad anzutreiben. Dieses Rad bewegt dann die Mühlsteine, die Getreide zu Mehl mahlen. Waren Wind und Wasser Mangelware, wurden alternativ Ochsen eingespannt, die mit verbundenen Augen im Kreis latschten.

Bau dir mit einem Lineal und einem Radiergummi ein Katapult. Lege eine kleine Papierkugel auf ein Ende und katapultiere sie in die Luft. Wie verändert sich die Reichweite in Abhängigkeit von den Seitenlängen?

Lösung: Je länger der Wurfarm, also das Ende mit der Papierkugel, desto weiter kann die Kugel fliegen, weil mehr Schwung übertragen wird.

Elektrizität

So wird Strom gemacht!

Elektrizität ist eine Form von Energie, ohne die wir uns ein Leben nicht mehr vorstellen können! Nahezu alle Dinge, die wir täglich verwenden, wie Lampen, Handys, Computer oder Kühlschränke, funktionieren nur mit Elektrizität. Sie brauchen Strom, sagt man. Doch was ist das eigentlich? Strom? Elektrizität? Elektrische Energie?

ELEKTRISCHE SPANNUNG UND ELEKTRISCHER STROM

Eine elektrische Spannung liegt nicht nur an den Polen einer Batterie an, sondern auch an anderen Spannungsquellen wie an einer Steckdose.

Der elektrische Strom fließt vom Minuspol zum Pluspol der Spannungsquelle. Was dabei fließt, sind winzig kleine Teilchen namens Elektronen, die eine negative Ladung besitzen.

Am Minuspol sind viele Elektronen versammelt und ihre negative Ladung zieht sie in Richtung des positiv geladenen Pluspols. Besteht zwischen dem Minuspol und dem Pluspol eine leitende Verbindung, etwa durch ein Kabel, können die Elektronen fließen und erzeugen so einen Stromfluss.

Befindet sich zwischen dem Minus- und Pluspol ein Glühbirnchen oder ein Elektromotor, wird es durch den Strom zum Laufen gebracht.

In Kraftwerken wird Strom mit sehr hoher Spannung produziert – oft mehrere Tausend Volt. Damit dieser Strom sicher in unseren Häusern verwendet werden kann, muss die Spannung verringert werden. Dafür kommen Transformatoren zum Einsatz, die die Spannung auf 230 Volt reduzieren. Viele elektrische Geräte besitzen außerdem kleine Transformatoren, um die Spannung nochmals zu verringern.

Um Strom zu erzeugen, werden in Kraftwerken Generatoren eingesetzt. Ein Generator wandelt Bewegungsenergie in elektrische Energie um. Riesige Turbinen setzen den Generator in Bewegung.

ENTDECKE DIE ELEKTRIZITÄT ZU HAUSE

Schau dich einmal bei dir zu Hause um. Welche Geräte brauchen Strom? Schreibe eine Liste und überlege, womit du sie bei einem Stromausfall ersetzen würdest.

Gerät	Alternative
Backofen	Holzkohlegrill nutzen

Diese Turbinen werden durch verschiedene Energiequellen angetrieben. In Kohlekraftwerken oder Atomkraftwerken wird Wasser stark erhitzt. Das heiße Wasser verdampft und erzeugt Wasserdampf mit sehr hohem Druck. Dieser Dampf treibt die Turbinen an, die den Generator in Bewegung setzen. Gaskraftwerke funktionieren ähnlich, nur wird hier die Turbine direkt durch die heißen Verbrennungsgase angetrieben.

In Wasserkraftwerken treibt das fließende Wasser aus Flüssen und Stauseen die Turbinen an. Wasserkraftwerke sind deutlich umweltfreundlicher als Kohle- oder Gaskraftwerke, da keine Verbrennung stattfindet. Gleiches gilt für Windkraftwerke, bei denen die großen Rotoren durch den Wind in Bewegung gesetzt werden, um die Generatoren anzutreiben.

All diese Kraftwerke haben eines gemeinsam: Sie wandeln Bewegungsenergie in elektrische Energie um.

Der Generator – ein Stromzauberer

Ein Generator ist eine Maschine, die Bewegungsenergie in elektrische Energie umwandelt. Diese Erfindung, die mittlerweile gut 200 Jahre alt ist, war ein echter Gamechanger! Erstmals konnte damit Strom in großen Mengen erzeugt werden. Mit riesigen Generatoren ließ sich in Kraftwerken Strom herstellen und über weite Strecken in Städte und Haushalte transportieren. Und das tun sie bis heute!

WIE FUNKTIONIERT EIN GENERATOR?

Ein Generator wandelt Bewegung in elektrischen Strom um, indem er das Prinzip der elektromagnetischen Induktion nutzt. Im Inneren des Generators befinden sich eine Drahtspule und ein Magnet. Wenn der Magnet oder die Spule rotiert, bringt diese Bewegung die Elektronen im Draht zum Fließen – das ist Strom!

DIE WICHTIGEN TEILE EINES GENERATORS

Ein Generator hat zwei wichtige Teile: einen Magneten und eine Drahtspule, auch Induktionsspule genannt. Die Drahtspule besteht aus einem langen, dünnen Draht, der viele Male um einen festen Kern gewickelt ist. Wenn sich die Drahtspule und der Magnet relativ zueinander bewegen – sei es, dass sich die Spule dreht oder der Magnet –, entsteht eine elektrische Spannung, die den Elektronenfluss in Gang setzt. In einem Kraftwerk drehen sich die Magneten oder Spulen sehr schnell. Dafür sorgen Turbinen, die mithilfe von Wasserkraft oder Dampf angetrieben werden.

Ein Elektromotor funktioniert übrigens genau umgekehrt: Er wandelt elektrische Energie in Bewegung um und treibt damit eine Maschine an. Der Fachausdruck dafür lautet Motor-Generator-Prinzip. Beide Geräte nutzen die elektromagnetische Induktion. Ein Elektromotor wandelt elektrische Energie in Bewegungsenergie um, während ein Generator Bewegung in elektrische Energie umwandelt. Das Motor-Generator-Prinzip ist die Grundlage vieler Technologien, da sich beide Maschinen je nach Bedarf in beide Richtungen nutzen lassen.

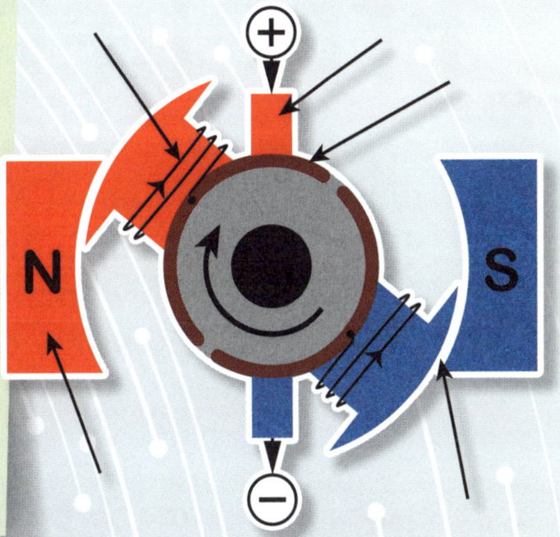

GENERATOREN KOMMEN NICHT NUR IN KRAFTWERKEN ZUM EINSATZ!

Auch in Autos gibt es einen Generator, der als »Lichtmaschine« bezeichnet wird. Die Lichtmaschine sorgt nicht nur für die Beleuchtung, sondern lädt auch die Autobatterie und versorgt so die gesamte Elektronik – wie Fensterheber, das Radio und alle anderen elektrischen Geräte im Auto. Angetrieben wird die Lichtmaschine vom Motor, der mit Benzin oder Diesel läuft.

Viele Fahrräder sind mit einem kleinen Generator ausgestattet, den man Dynamo nennt. Der Dynamo erzeugt den Strom für die Fahrradlampen. Angetrieben wird er durch Muskelkraft, also kräftiges Strampeln!

Generatoren sind auch in Notstromaggregaten eingebaut, die beim Ausfall der Stromversorgung einspringen. Solche Geräte sind besonders wichtig in Krankenhäusern, bei Sicherheitsanlagen oder in Gebäuden, in denen ein Stromausfall ernste Folgen haben könnte.

Erneuerbare Energie

Erneuerbare Energiequellen leisten einen wichtigen Beitrag, um unsere Umwelt zu schützen. Im Gegensatz zu fossilen Brennstoffen wie Kohle oder Öl, die bei ihrer Verbrennung große Mengen Kohlendioxid (CO_2) in die Luft abgeben und die Umwelt belasten, setzen erneuerbare Energien keine schädlichen Treibhausgase frei.

WAS SIND ERNEUERBARE ENERGIEN?

Erneuerbare Energien werden aus Energiequellen und Rohstoffen gewonnen, die in menschlichen Denkzeiträumen unerschöpflich zur Verfügung stehen, wie Sonne, Wind, Wasser oder Biomasse. Anders die fossilen Brennstoffe wie Erdöl, Erdgas oder Kohle: Ihre Vorkommen sind endlich und sie brauchen Millionen Jahre, um sich wieder zu erneuern.

PHOTOVOLTAIK – STROM AUS SONNE

Eine Solarzelle besteht aus Silizium und wandelt Sonnenlicht in elektrische Energie um. Wenn die Sonne auf die Zelle scheint, kommen Elektronen in Bewegung. Der Aufbau der Solarzelle sorgt dafür, dass sie in eine Richtung fließen – so entsteht Strom. Dieser Strom kann zum Beispiel eine Batterie laden, ein Gerät versorgen oder in das Stromnetz eingespeist werden.

WINDKRAFTANLAGEN

Eine Windkraftanlage wandelt die Bewegungsenergie des Windes in Energie um. Drehen sich die Rotorblätter im Wind, treiben sie einen Generator an, der die Bewegungsenergie in elektrischen Strom umwandelt. Ein Netzanschluss speist den Strom dann in das öffentliche Stromnetz ein.

WASSERKRAFT

Das strömende Wasser wird im Inneren des Wasserkraftwerks durch eine Turbine geleitet. Die Schaufelräder drehen sich unter dem Druck des Wassers und treiben einen Generator an, der die Bewegungsenergie in elektrische Energie umwandelt. Die Turbinen haben einen Durchmesser von einigen Metern. Und die Generatoren sind fast so groß wie ein Kleinwagen!

BIOMASSE – ENERGIE AUS PFLANZEN UND ABFÄLLEN

Biomasse sind pflanzliche Abfälle und Reste aus der Landwirtschaft, aber auch tierische Abfälle wie Mist und Gülle. Die Abfälle werden in speziellen Anlagen verbrannt oder vergoren, um Energie zu erzeugen. Biomasse ist klimafreundlich, da sie nur das CO_2 freisetzt, das die Pflanzen vorher aus der Atmosphäre aufgenommen haben.

ERDWÄRME

Im Inneren der Erde ist es sehr heiß. Im Erdkern herrschen Temperaturen von über 6000 Grad Celsius! Um die Energie aus der Tiefe zu nutzen, werden kilometertiefe Löcher in die Erdkruste gebohrt, um die Wärme an die Oberfläche zu holen. Die Wärme kann für Warmwasser, Heizungen oder sogar für die Stromerzeugung genutzt werden. Da die Bohrungen technisch nicht ganz einfach sind, wird dies bis dato nur in Gegenden praktiziert, in denen die Erdwärme etwas näher an die Oberfläche herankommt.

Verbinde die Energiequelle mit der passenden Technologie.

Energiequelle	Technologie
Sonne	Wasserkraftwerk
Wind	Pelletofen
Wasser	Windrad
Holz	Biogasanlage
Kuhmist	Solarmodul

Lösung: Sonne –Solarmodul, Wind – Windrad, Wasser – Wasserkraftwerk, Holz – Pelletofen, Kuhmist – Biogasanlage

Umweltwissenschaft

Die Umweltwissenschaft untersucht, wie die Natur funktioniert und wie wir Menschen mit ihr zusammenleben. Unsere Umwelt ist wie ein riesiges Puzzle, bei dem alle Teile – Tiere, Pflanzen, Wasser, Luft und auch wir Menschen – zusammenpassen müssen, damit alles funktioniert.

Wie arbeiten die einzelnen Teile unseres Ökosystems zusammen? Was passiert, wenn ein Teil gestört ist oder sich verändert? Umweltwissenschaftler erforschen, warum die Meere sich erwärmen oder warum es immer weniger Bienen gibt.

UMWELTWISSENSCHAFT IST DETEKTIVARBEIT:

ARTENSTERBEN: Sie überwacht gefährdete Tier- und Pflanzenarten.

KLIMAWANDEL: Sie erforscht die Temperatur- und Wetterveränderungen weltweit.

GLETSCHERSCHMELZE: Sie untersucht den Rückgang von Gletschern und Eisflächen.

MEERESTEMPERATUR: Sie misst die Temperaturveränderungen in Ozeanen.

WASSERQUALITÄT: Sie überprüft das Wasser von Flüssen, Seen und Grundwasser auf Schadstoffe.

LUFTQUALITÄT: Sie analysiert die Verschmutzung durch Schadstoffe wie Feinstaub oder Kohlenmonoxid (CO).

ABHOLZUNG: Sie überwacht die Entwaldung und deren Folgen für das Klima und die Lebensräume von Tieren und Pflanzen.

MÜLL UND PLASTIKVERSCHMUTZUNG: Sie misst die Abfallmengen an Land und in den Meeren.

BEVÖLKERUNGSDICHTE: Sie analysiert, wie Menschen die Umwelt durch Städtebau und Landnutzung beeinflussen.

BODENVERSCHMUTZUNG: Sie untersucht die Auswirkung von Schadstoffen auf die Landwirtschaft und Naturflächen.

NUTZUNG VON ROHSTOFFEN UND ENERGIEQUELLEN: Sie analysiert den Verbrauch von Rohstoffen wie Wasser, Öl und Metallen.

Ein wichtiger Teil der Umweltwissenschaften ist es, Lösungen zu finden. Wie können wir durch die Nutzung von Windrädern und Solarzellen weniger Öl und Kohle verbrauchen? Wie lässt sich Müll recyceln? Wie können wir Wälder wieder aufforsten, damit Tiere einen Lebensraum haben?

WARUM IST UMWELTWISSENSCHAFT WICHTIG?

Die Umwelt ist unsere Lebensgrundlage! Ohne sauberes Wasser, gesunde Böden und frische Luft können wir nicht leben. Umweltwissenschaft hilft uns dabei, die Natur zu schützen und gleichzeitig moderne Technologien zu nutzen. Sie zeigt uns, wie es geht, weniger Müll zu produzieren, weniger Energie zu verschwenden und Tiere und Pflanzen zu schützen.

Kreuze an, welche Dinge Umweltwissenschaftler untersuchen:

- ◯ Wie Bäume wachsen
- ◯ Warum Tiere aussterben
- ◯ Wie schnell Autos fahren
- ◯ Warum das Klima wärmer wird
- ◯ Ob Wasser sauber ist
- ◯ Wie der Mond leuchtet
- ◯ Warum Gletscher schmelzen
- ◯ Wie viel Plastik im Meer landet

Lösung: Wie schnell Autos fahren und wie hell der Mond leuchtet, wird nicht von den Umweltwissenschaften untersucht.

Elektronik

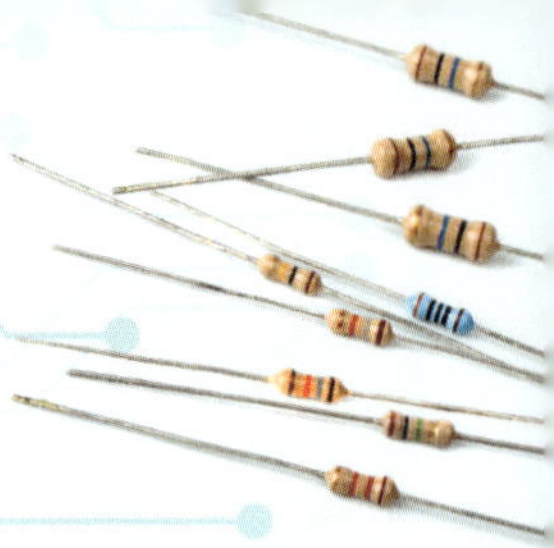

Strom, Chips & Schaltkreise

Was genau ist Elektronik?

Während Elektrizität dafür sorgt, dass Häuser und Fabriken mit Energie versorgt werden, geht es bei Elektronik darum, wie dieser Strom benutzt wird. Elektronik verarbeitet Informationen und steuert Geräte wie Handys, Computer, Ampeln und Roboter.

SCHALTKREISE

Ein Schaltkreis ist wie ein Straßennetz für elektrischen Strom. In einem Schaltkreis fließt der Strom durch verschiedene Bauteile auf einer Platine. Die Bauteile sind über Leiterbahnen verbunden.

Elektronische Bauteile erfüllen ganz unterschiedliche Aufgaben:

Einige lassen den Strom nur in eine Richtung fließen, wie Dioden.
Andere, zum Beispiel Transistoren, schalten den Strom an oder aus.

SCHALTPLÄNE ENTHALTEN FESTGELEGTE SYMBOLE FÜR DIE ELEKTRONISCHEN BAUTEILE.

Ein einfaches Beispiel für einen Schaltkreis ist eine Taschenlampe. Wenn du den Schalter drückst, fließt der Strom von der Batterie durch das Kabel zur Glühbirne und bringt sie zum Leuchten. Wenn du den Schalter wieder ausschaltest, wird der Schaltkreis unterbrochen.

So sieht der Schaltplan für eine Taschenlampe aus.

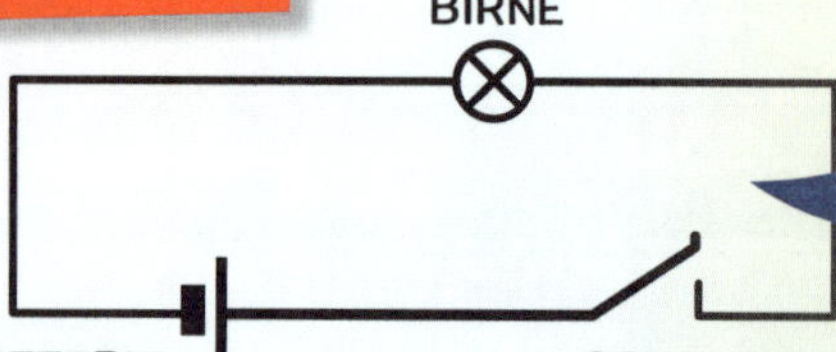

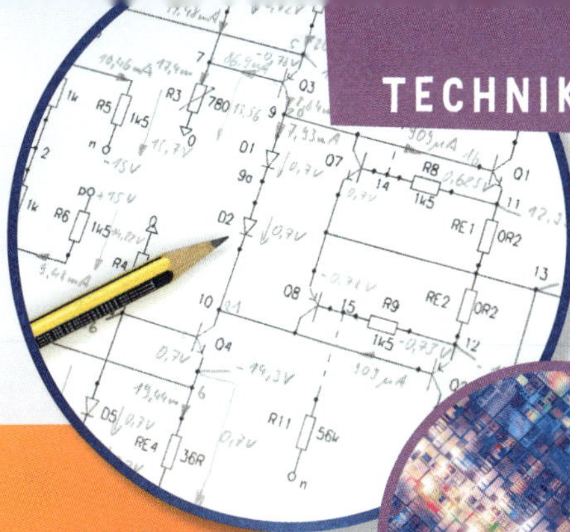

Die Schaltkreise in einem Smartphone oder Laptop sind natürlich viel komplexer. Sie bestehen aus Millionen von winzigen Bauteilen, die miteinander verbunden sind.

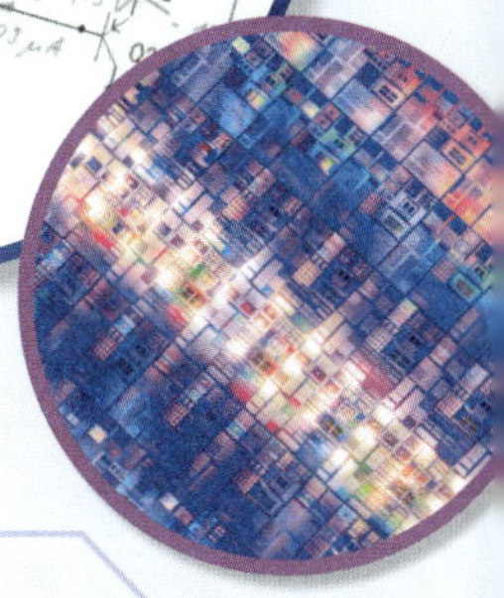

INTEGRIERTE SCHALTUNGEN

Um die Vielzahl an Bauteilen in einem Schaltkreis miteinander zu verbinden, werden Integrierte Schaltungen, abgekürzt ICs (Integrated Circuits) oder Chips, gefertigt. Damit lassen sich Millionen von Bauteilen, wie Transistoren, Dioden und Widerstände, auf einem winzigen Siliziumchip unterbringen. Diese Mikrochips findest du heute fast überall: in Spielkonsolen, Fernsehern, Autos und sogar in Haushaltsgeräten wie Waschmaschinen und Kühlschränken.

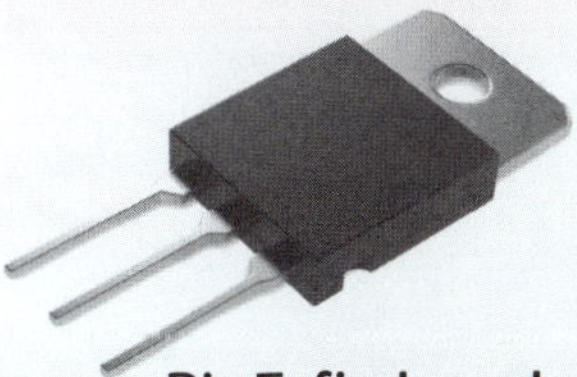

DER TRANSISTOR

Ein Transistor ist ein kleines Bauteil, das eine ganz wichtige Aufgabe in der Elektronik hat: Es kann elektrische Ströme an- und ausschalten sowie elektrische Signale verstärken.

Die Erfindung des Transistors war eine kleine Revolution: Die frühen Computer bestanden aus großen Bauteilen wie Vakuumröhren, die sehr viel Platz benötigten. Der Transistor ersetzte diese großen Bauteile und ebnete den Weg für kleinere und schnellere Geräte.

Und das ist das Symbol für einen Transistor:

TESTE DEIN ELEKTRO-WISSEN

- o Um den Stromkreis anzuschalten, benötige ich einen ....
- o Die elektrische Energie für die Taschenlampe kommt aus der ....
- o LEDs und Glühbirnen sind Geräte, die .... in Licht umwandeln.
- o Ein .... steuert den Stromfluss in einem Stromkreis. Er kann Signale verstärken und Ströme schalten.
- o Kabel haben die Aufgabe, eine .... Verbindung zwischen den Bauteilen herzustellen.

Lösung: Schalter, Batterie, Strom, Transistor, leitende

Kommunikation

Von der Postkutsche zum Smartphone

Kommunikation über weite Entfernungen ist heute unvorstellbar einfach geworden. Willst du dich mit einem Freund in Australien austauschen, schreibst du eine Mail, rufst ihn auf dem Handy an oder machst einen Videocall!

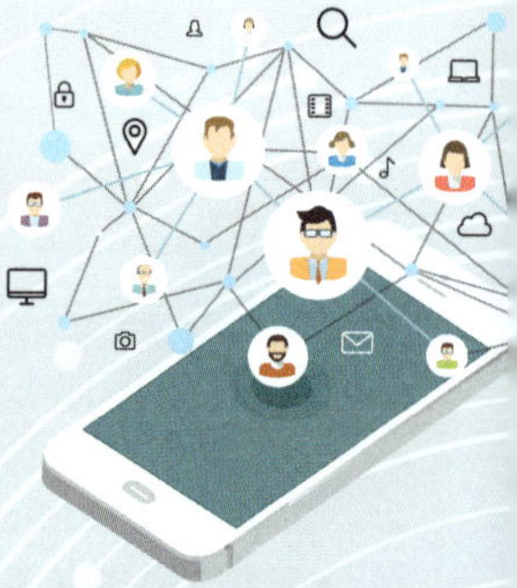

Aber wie funktioniert das eigentlich? Wie lassen sich Texte, Bilder und Stimmen in Echtzeit über Tausende Kilometer senden?

Ein Handy sendet Funkwellen an den nächstgelegenen Mobilfunksendemast. Dieser leitet die Signale über das Mobilfunknetz weiter, das aus Vermittlungsstationen und Rechenzentren besteht. Dort werden die digitalen Signale in Datenpakete aufgeteilt und an das Zielnetzwerk geschickt. Über Glasfaserkabel und Knotenpunkte reisen die Pakete in Sekundenschnelle um die Welt. Am Zielort setzen Server die Pakete wieder zusammen und verwandeln sie in Textnachrichten oder Sprache. Dann geht's direkt zum Empfängergerät. Nachricht angekommen!

GLASFASERKABEL UND SATELLITEN

Um Daten über weite Entfernungen zu senden, nutzen wir Glasfaserkabel und Satelliten. Glasfaserkabel sind Kabel, die mit Licht arbeiten. Informationen werden in Lichtsignale umgewandelt und lassen sich dadurch extrem schnell über lange Strecken transportieren.

In abgelegenen Gebieten, in denen keine Kabel verlegt werden können, kommen Satelliten zum Einsatz. Die Signale werden von einer Bodenstation zu einem Satelliten im All gesendet, der sie dann an die gewünschte Stelle auf der Erde weiterleitet.

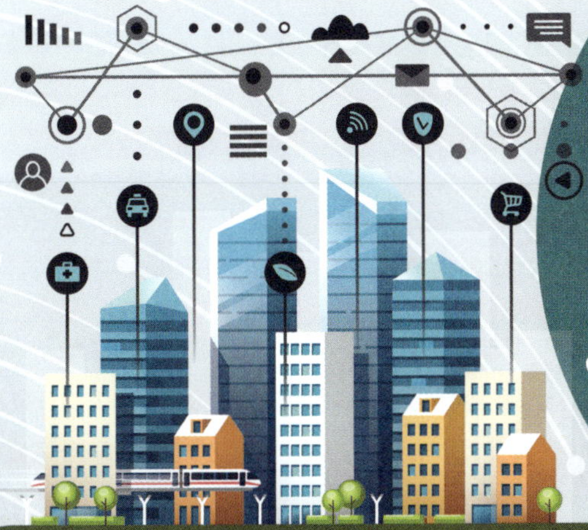

NACHRICHTEN UND NÄHE: OHNE KOMMUNIKATION LÄUFT NICHTS

Die Technologien, die Kommunikation so unvorstellbar schnell gemacht haben, helfen uns nicht nur, mit Freunden und Familie in Kontakt zu bleiben. Auch wichtige Infos erhalten wir heute in Rekordgeschwindigkeit: Nachrichten, Wetterberichte oder Notfallwarnungen können blitzschnell verbreitet werden.

WIE WAR DAS EIGENTLICH FRÜHER?

Über viele Jahrhunderte waren Briefe die einzige Möglichkeit, Nachrichten zu übermitteln. Die Briefe wurden mit Boten geschickt, mit Schiffen über die Weltmeere transportiert oder später mit Postkutschen befördert. Bis eine Nachricht ankam, konnten Monate oder Jahre vergehen.

Die Telegrafie wurde in den 1830er-Jahren von SAMUEL MORSE entwickelt. Dabei werden elektrische Signale über Kabel übertragen und Nachrichten in einem Punkt- und Strichcode übermittelt.

PHILIPP REIS, ein Lehrer aus Hessen, gilt als einer der frühen Erfinder des Telefons. Bereits 1861 entwickelte er ein Gerät, das er »Telephon« nannte und mit dem er Töne über eine elektrische Leitung schickte.

Roboter

Schrauben, schweißen, Witze erzählen

Wie wäre es mit einem freundlichen Roboter, der dein Zimmer aufräumt, dir ein Getränk serviert und per Sprachbefehl Witze erzählt? Gar nicht so unwahrscheinlich, dass dir in einigen Jahren so ein Gefährte zur Verfügung steht!

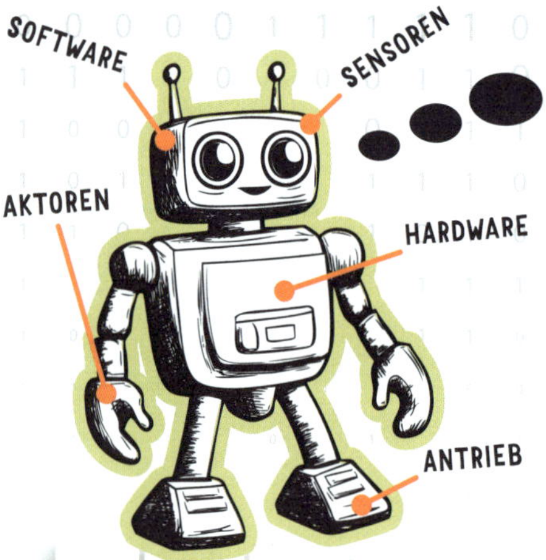

Roboter sind Maschinen, die mithilfe von Motoren verschiedene Bewegungen ausführen und Aufgaben abarbeiten. Ihre Bewegungen werden durch ein Computerprogramm gesteuert. Zusätzlich sind Roboter häufig mit Sensoren und Kameras ausgerüstet.

Meistens denken wir bei Robotern an niedlich aussehende Figuren mit Kulleraugen. Doch Roboter sehen je nach Einsatzmöglichkeit sehr unterschiedlich aus. So gibt es rollende Service-Roboter, die alte Menschen unterstützen, kleine Roboter, die den Rasen mähen, oder Roboter, die Bomben entschärfen.

AKTOREN: Aktoren setzen elektrische Signale in Bewegungen um. Sie ermöglichen dem Roboter Handlungen wie Greifen, Schwenken oder Fahren.

HARDWARE: Die Hardware sind alle physischen Bauteile des Roboters, wie Motoren, Sensoren und das Gehäuse.

SOFTWARE: Die Software ist das »Gehirn« des Roboters. Die Programme steuern ihn durch seine Aufgaben.

SENSOREN: Sensoren übernehmen in der Robotik ähnliche Aufgaben wie Augen, Ohren oder Nase beim Menschen. Kamerasensoren funktionieren wie Augen und erfassen visuelle Informationen. Mikrofone dienen als Ohren und nehmen Töne und Geräusche auf. Temperatur- und Berührungssensoren simulieren das Gefühl der menschlichen Haut.

ANTRIEB: Der Antrieb ist das System, das den Roboter antreibt. Motoren bewegen ihn fort, andere setzen zum Beispiel Greifarme in Bewegung.

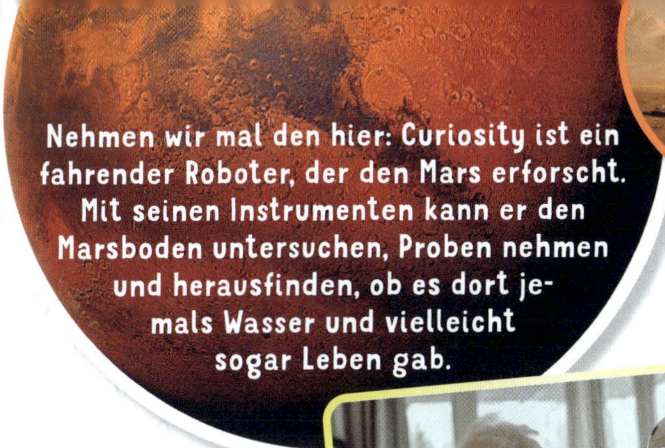

Nehmen wir mal den hier: Curiosity ist ein fahrender Roboter, der den Mars erforscht. Mit seinen Instrumenten kann er den Marsboden untersuchen, Proben nehmen und herausfinden, ob es dort jemals Wasser und vielleicht sogar Leben gab.

Oder diese beiden hier: Pepper und Paro. Sie arbeiten in japanischen Altenheimen, servieren Essen, erinnern die Bewohner daran, ihre Medikamente einzunehmen, und treiben mit ihnen Sport.

Roboter, die mit Künstlicher Intelligenz ausgestattet sind, können noch ganz andere Dinge: Sie sprechen mit Menschen und beantworten Fragen. Sie heißen humanoide Roboter. Also durchaus möglich, dass du in einigen Jahren einen guten Kumpel hast, der ein Roboter ist.

Vor allem in der Industrie läuft heute nichts mehr ohne Roboter: Sie schrauben, schweißen und setzen Autos zusammen, arbeiten in Lagerhallen und Häfen.

Welche Arbeiten können Roboter übernehmen? Kreuze die richtigen Antworten an!

- ◯ Autos am Fließband zusammensetzen
- ◯ Schrauben festziehen und schweißen
- ◯ Hausaufgaben machen
- ◯ Pakete in Lagerhäusern sortieren
- ◯ Eine Fußballmannschaft trainieren
- ◯ Staub saugen und Rasen mähen
- ◯ Einen Hund Gassi führen

1: ja, 2: ja, 3: nein, 4: ja, 5: nein, 6: ja, 7: nein

Kraftmaschine Motor

Herzstück aller Fahrzeuge und Maschinen ist der Motor. Drumherum ist natürlich noch ganz viel Technik und Mechanik verbaut. Aber der Motor sorgt dafür, dass alles in Bewegung kommt. Ohne Motor könnten kein Fahrzeug und keine Maschine fahren, ziehen, heben oder bohren.

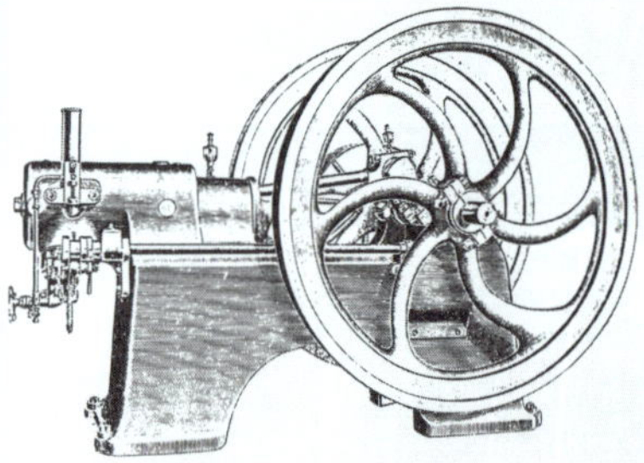

Das Wort »Motor« stammt aus dem Lateinischen und bedeutet so viel wie »Beweger«. Ein Motor hat die Aufgabe, chemische, elektrische oder thermische Energie in Bewegungsenergie umzuwandeln. Diese Bewegungsenergie wird auf die Räder und andere Bauteile übertragen und sorgt dafür, dass sich ein Fahrzeug in Bewegung setzt oder eine Baggerschaufel nach oben greift.

DER BENZINMOTOR

In der Mehrzahl der Fahrzeuge arbeitet bis heute ein Verbrennungsmotor. Er funktioniert durch Verbrennung von Benzin. Dabei durchläuft er einen Prozess, der aus vier Schritten besteht:

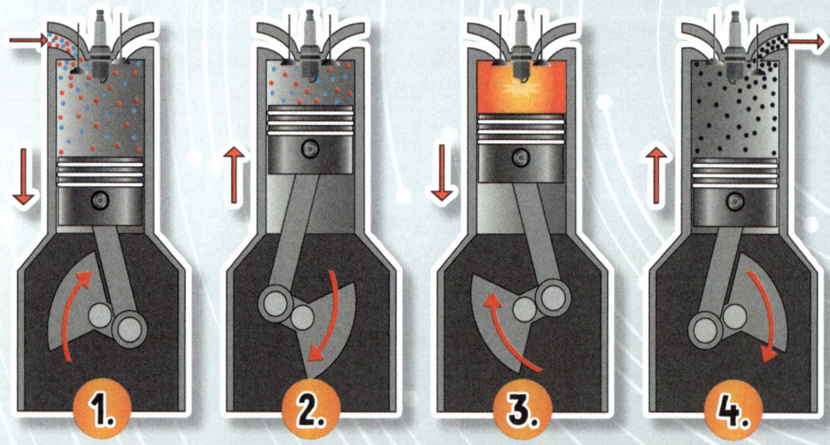

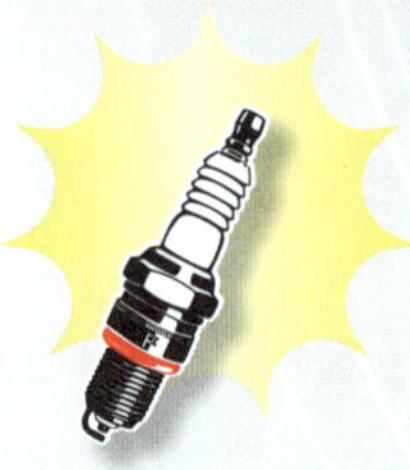

1. ANSAUGTAKT: Der Motor saugt ein Gemisch aus Luft und Benzin in den Zylinder. Der Kolben bewegt sich dabei nach unten und zieht das Gemisch in den Brennraum.

2. VERDICHTUNGSTAKT: Der Kolben geht wieder nach oben und presst das Benzin-Luft-Gemisch zusammen.

3. ARBEITSTAKT: Die Zündkerze zündet das Gemisch – eine kleine Explosion drückt den Kolben nach unten und treibt das Auto an.

4. AUSPUFFTAKT: Der Kolben schiebt die Abgase nach draußen.

DER DIESELMOTOR

Ein weiterer Motortyp ist der Dieselmotor. Das Diesel-Luft-Gemisch wird durch den hohen Druck so stark erhitzt, dass es sich von selbst entzündet. Diesel brennt kräftiger als Benzin, darum nutzt man Dieselmotoren oft für starke Fahrzeuge wie Traktoren, Lastwagen oder Baumaschinen.

DER ELEKTROMOTOR

Ein Elektromotor verbrennt keinen Treibstoff, sondern nutzt elektrische Energie. Er ist leise, sauber und beschleunigt schnell. Im Inneren drehen sich Magnete in einer Drahtspule – ähnlich wie bei einem Dynamo. Elektromotoren gibt es in Spielzeugautos, Küchengeräten, Straßenbahnen oder Autos. Die Batterie muss an einer Ladestation aufgeladen werden, was länger dauert als Tanken, und sie begrenzt noch die Reichweite.

WAS TREIBT ZÜGE AN?

Die ersten Lokomotiven wurden mit Kohle betrieben und hinterließen riesige schwarze Rußwolken! Diese Zeiten sind zum Glück vorbei. Heute nutzen Züge verschiedene Antriebsarten, je nach Strecke und Einsatz. Viele Züge fahren mit Elektromotoren, die durch Strom aus Oberleitungen versorgt werden. Andere Züge haben Dieselmotoren. Sie werden vor allem dort eingesetzt, wo es keine Stromleitungen gibt.

Mit einer unglaublichen Geschwindigkeit von 600 Kilometer pro Stunde ist ein Testmodell des SHINKANSEN aus Japan übrigens der schnellste Zug der Welt. Das Tempo wird vor allem durch den Einsatz von Magnetschwebetechnik erreicht. Der Zug schwebt durch magnetische Kraft und hat keinen Kontakt zu den Schienen!

Luftfahrt

Warum Flugzeuge fliegen

Menschen träumten seit jeher vom Fliegen und versuchten lange, den Flug der Vögel nachzuahmen. Mit Flügeln aus Stoff, Holz und Muskelkraft versuchten sie, sich in die Lüfte zu erheben.

DOCH WIE SCHAFFEN ES DIESE RIESIGEN, SCHWEREN FLUGZEUGE EIGENTLICH, IN DER LUFT ZU BLEIBEN?

Flugzeuge fliegen durch den sogenannten Auftrieb. Er entsteht durch die besondere Form der Flügel. Die Oberseite der Flügel ist gewölbt, die Unterseite eher flach. Wenn sich das Flugzeug schnell genug nach vorne bewegt, strömt die Luft über und unter dem Flügel unterschiedlich schnell – oben schneller und unten langsamer. Dadurch entsteht ein Druckunterschied, der das Flugzeug nach oben hebt und in der Luft hält. Aber der Auftrieb allein genügt noch nicht. Das Flugzeug muss sich schnell nach vorne bewegen und dafür braucht es Schub. Dieser Schub wird von Turbinen oder Propellern erzeugt, die das Flugzeug nach vorne drücken.

Otto Lilienthal war der Erste, der mit starren Flügeln tatsächlich gleiten konnte, auch wenn sein letzter Versuch 1896 tragisch endete. Der erste echte Motorflug gelang 1903 den Brüdern Wright in den USA. Heute sind jeden Tag mindesten 20 000 Flugzeuge weltweit unterwegs, um Menschen und Waren sicher zu befördern.

SO FLIEGEN HUBSCHRAUBER

Hubschrauber haben einen großen Rotor, das ist der Propeller auf dem Dach des Hubschraubers. Wenn der Rotor sich dreht, erzeugt er Auftrieb. Hubschrauber können sich auch ohne Startbahn direkt nach oben heben und sogar auf der Stelle schweben. Das macht sie besonders nützlich, wenn wenig Platz zum Starten und Landen ist, etwa bei Rettungseinsätzen in den Bergen oder auf Autobahnen.

SEGELFLIEGER

Segelflugzeuge fliegen ohne eigenen Motor und brauchen deshalb einen Schub, um in die Luft zu kommen. Sie werden oft von Seilwinden oder Motorflugzeugen hochgezogen. Einmal in der Luft, können sie weit gleiten. Segelflieger nutzen die sogenannte Thermik, also warme Aufwinde, um an Höhe zu gewinnen.

DIE NEUEN STARS AM HIMMEL: DROHNEN

Zu den spannendsten neuen Erfindungen gehören Drohnen. Das sind kleine, unbemannte Fluggeräte, die entweder ferngesteuert oder eigenständig fliegen können. Drohnen machen Luftaufnahmen, liefern Postpakete aus und helfen in Notfällen bei Rettungseinsätzen. In der Zukunft könnten sie sogar als Lufttaxis Menschen transportieren.

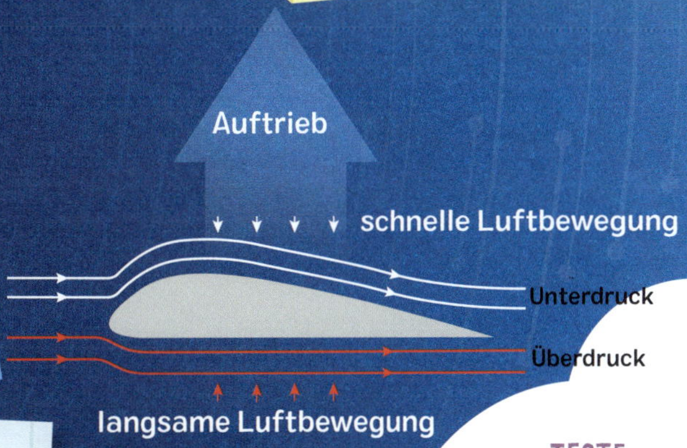

WELCHE FLUGOBJEKTE KÖNNEN OHNE TURBINEN ODER PROPELLER FLIEGEN?

- ◯ Hubschrauber
- ◯ Segelflieger
- ◯ Heißluftballon
- ◯ Drachen
- ◯ Zeppelin
- ◯ Drohne
- ◯ Verkehrsflugzeug
- ◯ Gleitschirm

TESTE DEN AUFTRIEB:

Halte bei der nächsten Autofahrt deine Hand flach aus dem Fenster. Verändere den Winkel: Wenn du die Hand etwas weiter in die senkrechte Position drehst, merkst du, wie sie nach oben gedrückt wird. **DAS IST DER AUFTRIEB!**

Lösung: Segelflieger, Heißluftballon, Drachen, Zeppelin, Gleitschirm

Raumfahrt

Ab ins All!

Raumfahrt bedeutet, dass Menschen oder Maschinen ins All reisen, um das Universum zu erforschen. Das Weltall beginnt etwa 80 bis 100 Kilometer über der Erde und umfasst ein unvorstellbar riesiges Gebiet mit Milliarden Planeten, Sternen und Galaxien.

Im Weltall gibt es keinen Sauerstoff. Und auch die Erdanziehungskraft ist nicht mehr vorhanden. Die Konstruktion von Raumschiffen und Raketen ist daher eine ganz besondere Herausforderung!

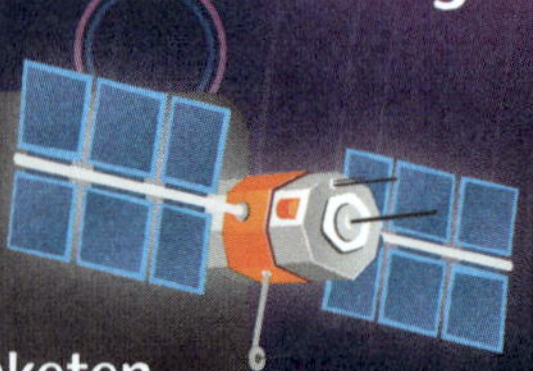

WAS MACHEN SATELLITEN?

Satelliten werden mit Raketen in den Weltraum gebracht. Sie kreisen in einer Umlaufbahn um die Erde und haben dort einiges zu tun: Sie beobachten das Wetter, senden GPS-Signale und ermöglichen es uns, fernzusehen oder zu telefonieren. Einmal im Weltall, bewegen sich Satelliten mit gleichbleibender Geschwindigkeit immer weiter um die Erde.

RAKETEN

Eine Rakete funktioniert ganz anders als ein Flugzeug. Im Weltraum gibt es keine Luft, die sie nach oben trägt. Eine Rakete wird mit einer großen Menge Treibstoff gestartet, der bei einer Explosion verbrannt wird und enorme Kraft freisetzt. Diese Kraft drückt die Rakete nach oben, sodass sie die Atmosphäre der Erde durchbricht. Die Rakete besteht meist aus mehreren Stufen. Wenn eine Stufe ihren Treibstoff verbraucht hat, wird sie abgeworfen, und die nächste Stufe wird gezündet. So erreicht die Rakete immer höhere Geschwindigkeiten und kann in den Weltraum gelangen.

Und dann gibt es da noch einen sehr ungewöhnlichen Arbeitsplatz: Die INTERNATIONALE RAUMSTATION (ISS) ist eine große, bewohnte Forschungsstation. Sie umkreist in rund 400 Kilometern Höhe die Erde. Auf der ISS führen Astronauten Experimente in der Schwerelosigkeit durch, um mehr über den Weltraum und das Leben außerhalb der Erde zu lernen.

WIE GEHT ES WEITER MIT DER RAUMFAHRT?

Um den Weltraum weiter zu erkunden, wird ständig an neuen Technologien geforscht. Es gibt bereits Pläne für eine Raumstation auf dem Mond und sogar eine mögliche bemannte Reise zum Mars. Auch unbemannte Missionen sind wichtig: Sonden und Roboter erforschen weit entfernte Planeten, indem sie Fotos machen und Daten sammeln, die zur Erde geschickt werden.

DIE MONDLANDUNG – EIN GROSSER SCHRITT FÜR DIE MENSCHHEIT!

Die Mondlandung war eines der bedeutendsten Ereignisse in der Geschichte der Raumfahrt. 1969 landeten die Astronauten Neil Armstrong und Buzz Aldrin im Rahmen der Apollo-11-Mission der NASA als erste Menschen auf dem Mond. Die Astronauten sammelten Proben vom Mondboden, führten Experimente durch und stellten eine amerikanische Flagge auf. Ein paar Tage später landeten sie wieder sicher auf der Erde.

Medizintechnik

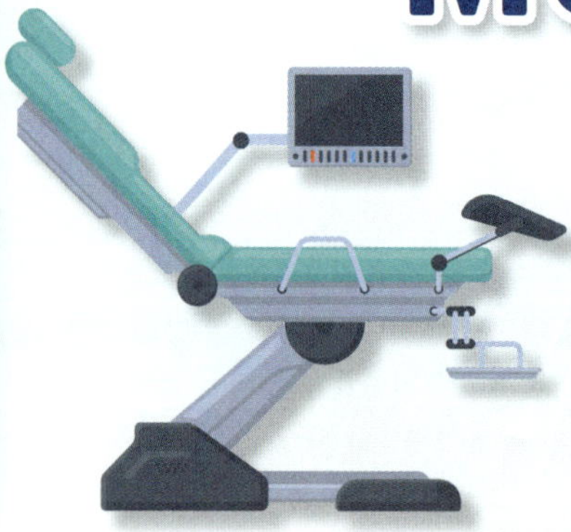

Einblicke gewünscht?

Medizintechnik bezeichnet Geräte und Maschinen, die Ärzte bei ihrer Arbeit unterstützen. Bei fast jedem Arztbesuch kommt Medizintechnik zum Einsatz: Egal, ob es um das Blutdruckmessen geht, ein Röntgenbild angefertigt wird oder ein Zahn repariert wird.

Besonders wichtig sind diese Geräte bei Operationen. Sie überwachen die lebenswichtigen Körperfunktionen des Patienten, sorgen dafür, dass das Herz im richtigen Rhythmus schlägt und die Lunge atmet.

In den letzten Jahrzehnten hat die Medizintechnik riesige Fortschritte gemacht. Vor 100 Jahren existierte vieles davon noch gar nicht. So wurden Zähne häufig ohne Betäubung gezogen, und bei Knochenbrüchen mussten die Ärzte ohne Röntgenbild den Knochen wieder genau zusammenfügen.

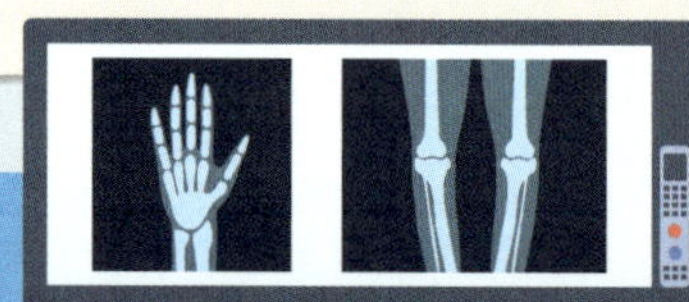

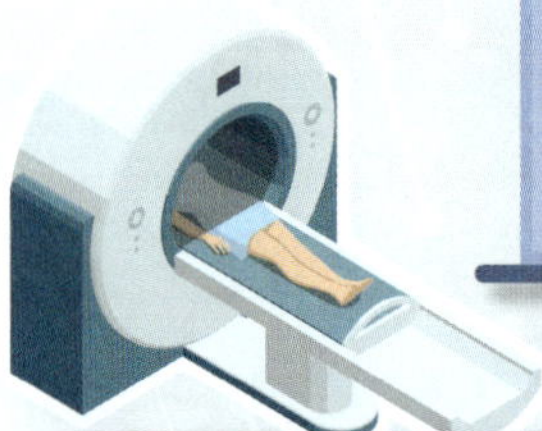

RÖNTGENGERÄTE

Mit einem Röntgengerät können Ärzte durch die Haut in den Körper schauen, ohne einen Schnitt machen zu müssen. Es sendet unsichtbare Strahlen aus, die durch die Haut gehen, aber nicht durch Knochen. Auf einem speziellen Bild sieht man dann Knochen in Weiß und alles Weiche in Dunkelgrau.

MRT – EIN NOCH GENAUERER BLICK

Ein weiteres wichtiges Gerät ist der Magnetresonanztomograf, abgekürzt MRT. Es ist ein riesiger Apparat, in den sich die Patienten hineinlegen. Das MRT benutzt starke Magneten und Radiowellen, um ein ganz genaues Bild des Körpers zu machen. Damit kann ein Arzt nicht nur die Knochen, sondern auch die Organe und sogar das Gehirn untersuchen.

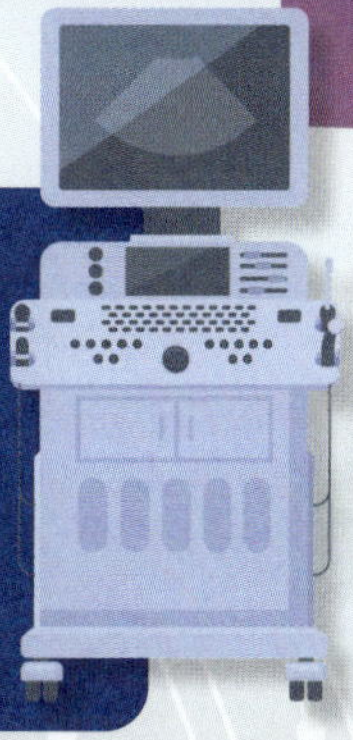

ULTRASCHALLGERÄT

Ein Ultraschallgerät sendet Schallwellen aus, die so hoch sind, dass wir sie nicht hören können. Treffen sie im Körper auf Organe oder Gewebe, werden sie wie ein Echo zurückgeworfen. Das Gerät fängt die Wellen auf und wandelt sie in ein Bild um, das man auf dem Bildschirm sieht. So können Ärzte zum Beispiel Organe oder ein Baby im Bauch anschauen.

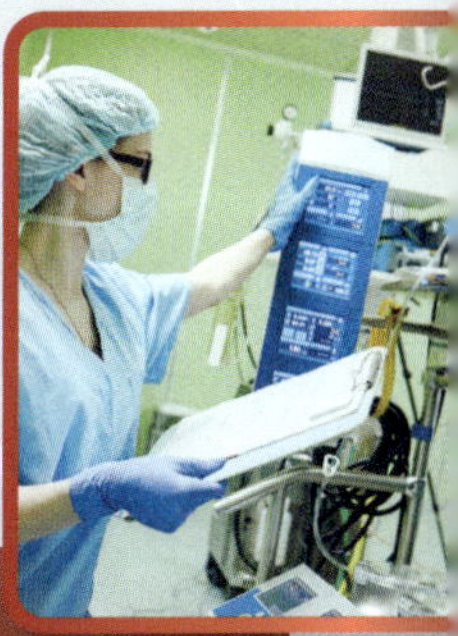

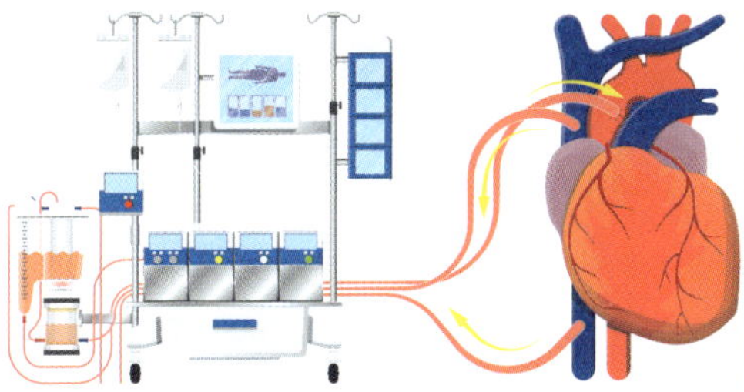

HERZ-LUNGEN-MASCHINE

Bei großen Operationen hilft eine Maschine, die Herz-Lungen-Maschine heißt. Normalerweise sorgt unser Herz dafür, dass Blut durch den Körper fließt, und die Lungen geben dem Blut Sauerstoff. Wenn das Herz aber operiert werden muss, kann es für kurze Zeit nicht arbeiten. Die Herz-Lungen-Maschine übernimmt diese Aufgabe. Sie hält den Patienten am Leben, während das Herz repariert wird.

TECHNIK, DIE LEBEN RETTET

In vielen Situationen ist Medizintechnik lebenswichtig. Es gibt Maschinen, die das Herz unterstützen, wenn es allein nicht mehr stark genug schlägt, oder Geräte, die den Körper während einer Operation überwachen. Medizintechnik spielt auch eine große Rolle bei der Versorgung von Babys, die zu früh auf die Welt kommen, oder älteren Menschen, die zusätzliche Unterstützung brauchen.

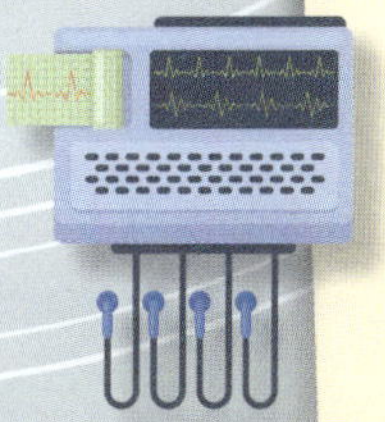

Behandlung	Mit Medizintechnik	Ohne Medizintechnik
Fieber messen		
Zahnfüllung einsetzen		
Schnittwunde nähen		
Beinbruch röntgen		
Spritze geben		
Blutdruck messen		
Hals untersuchen		
Herzoperation		

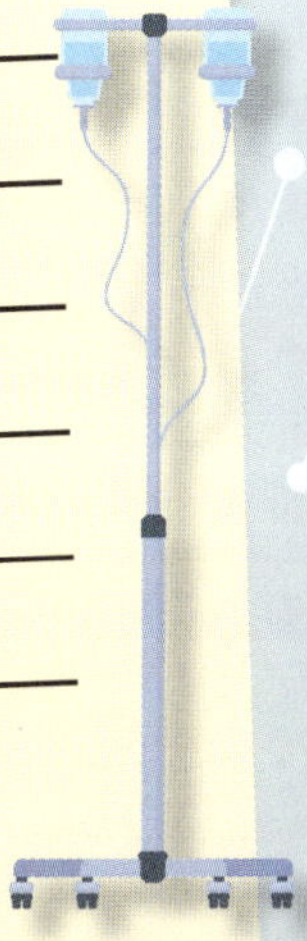

Lösung: Medizintechnik kommt zum Einsatz bei Zahnfüllung einsetzen, Beinbruch röntgen, Blutdruck messen, Herzoperation.

Bauwesen

Von der Steinmauer zur Skyline

Menschen bauen seit Jahrtausenden: Häuser und Straßen für den Alltag, Brücken zum Überqueren von Flüssen und Burgen als Schutz. Aus kulturellen und religiösen Gründen entstanden beeindruckende Bauwerke wie Kathedralen, Moscheen und Pyramiden. Schlösser und Paläste zeigten Macht und Reichtum der Regenten.

Aber wie plant man ein Bauwerk eigentlich? Was braucht es, damit eine Brücke stabil bleibt, ein Haus nicht einstürzt und ein Turm auch bei Orkanböen sicher steht?

WAS IST STATIK?

Statik ist die Lehre von den Kräften, die auf ein Bauwerk wirken. Man muss berechnen, wie stark eine Brücke sein muss, damit sie das Gewicht von vielen Autos tragen kann. Ähnlich ist es bei Häusern oder Hochhäusern: Sie müssen so gebaut werden, dass sie starkem Wind oder sogar einem Erdbeben standhalten können. Statiker berechnen, wo und wie Bauteile wie Pfeiler oder Träger eingesetzt werden müssen, damit ein Bauwerk sicher ist.

SO WIRKEN DIE KRÄFTE

DIE VERSCHIEDENEN BEREICHE DES BAUWESENS

Das Bauwesen ist in verschiedene Bereiche aufgeteilt. Der Hochbau beschäftigt sich mit dem Bau von Häusern und Hochhäusern. Der Tiefbau hingegen ist für Straßen, Tunnel und Kanäle zuständig.

Auch die Wahl der Materialien ist wichtig. Manche Materialien wie Stahl oder Stein sind extrem fest und ideal für große, schwere Gebäude oder Brücken. Andere, wie Holz, sind leichter, wärmer und eignen sich für kleinere Gebäude.

BETON – Eine Mischung aus Zement, Sand, Kies und Wasser, die hart wird und sehr stark ist.

HOLZ – Ein natürliches Material, das oft für den Bau von Wänden und Dächern verwendet wird.

ZIEGEL – Kleine, harte Steine aus gebranntem Ton, die zum Bau von Wänden eingesetzt werden.

STAHL – Ein sehr starkes Metall, das oft in hohen Gebäuden als Gerüst dient, um alles stabil zu halten.

ISOLIERMATERIAL – Weiches Material wie Wolle oder Styropor, das hilft, ein Gebäude warm zu halten.

STEIN – Natürliches, robustes Material, das oft für Außenmauern oder besondere Verzierungen genutzt wird.

Baue aus Spielkarten ein Kartenhaus. Beginne mit zwei Karten, die du schräg gegeneinanderlehnst. Setze die Reihe fort, und lege flache Karten obendrauf, um die Konstruktion zu verstärken. Dann geht es an die nächste Etage. Wie viele Stockwerke schaffst du?

Ein Kartenhaus bleibt stehen, weil sich die Karten so anlehnen, dass ihre Kräfte sich ausgleichen. Zwei Karten, die ein»Dach« bilden, stützen sich gegenseitig und leiten das Gewicht nach unten und zur Seite. So wird die Schwerkraft verteilt, und die Karten kippen nicht um. Diese clevere Kraftverteilung sorgt dafür, dass das Kartenhaus stabil bleibt – genau wie bei einem echten Haus oder einer Brücke.

BAUEN FÜR DIE ZUKUNFT

Heutzutage ist das Bauwesen auch sehr wichtig, um unsere Umwelt zu schützen. Es gibt immer mehr Bauwerke, die umweltfreundlich sind und möglichst wenig Energie verbrauchen. Materialien werden wiederverwendet und Gebäude so entworfen, dass sie die Natur so wenig wie möglich belasten.

Wie sieht die Technik der Zukunft aus?

Selbstfahrende Autos, Chatbots und Roboter: Sie alle nutzen Künstliche Intelligenz, abgekürzt KI. Künstliche Intelligenz ahmt das menschliche Gehirn nach und funktioniert, indem sie mit großen Mengen an Daten gefüttert wird und daraus »lernt«.

Künstliche Intelligenz (KI) wird in Zukunft viele Bereiche unseres Lebens verändern. Sie kann Arbeiten automatisch erledigen, Aufgaben schneller lösen und zum Beispiel in Medizin, Schule oder beim Verkehr helfen – etwa mit selbstfahrenden Autos oder individuellen Therapien. Aber KI bringt auch Herausforderungen, wie Fragen zum Datenschutz oder der Gefahr, dass manche Berufe durch Maschinen ersetzt werden.

Drohnen sind kleine, unbemannte Fluggeräte, die heute schon für viele Aufgaben genutzt werden. Sie liefern Pakete aus, filmen aus der Luft und sind in Notfällen schnelle Helfer. Ein besonders spannendes Forschungsfeld ist die Entwicklung von Drohnen als Flugtaxis, die in Zukunft vielleicht Menschen transportieren können.

Autonomes Fahren bedeutet, dass … n.

…«

Die Raumfahrt wird in den nächsten Jahren besonders spannend! Wissenschaftler planen nicht nur, Stationen auf dem Mond zu errichten. Auch eine Mission zum Planeten Mars soll eines Tages Wirklichkeit werden. Das Ziel ist es, neue Lebensräume zu erforschen und neue Ressourcen wie Wasser oder seltene Metalle zu entdecken. Fortschritte in Antriebstechnologien, wie nuklearer oder solarelektrischer Antrieb, könnten die Reisezeiten verkürzen und Missionen zu entfernten Planeten oder sogar anderen Sternensystemen ermöglichen.

Bereits heute werden Städte geplant, in denen alles miteinander verbunden ist! Der Name dafür lautet smarte Stadt! In einer solchen Stadt leuchten Laternen nur dann, wenn jemand vorbeigeht. Busse und Bahnen sind superpünktlich, weil sie genau wissen, wann viele Leute unterwegs sind. Mülltonnen melden, wenn sie voll sind, und smarte Verkehrsampeln reduzieren die Staus. Auf dem Weg zur Schule helfen dir Ampeln, sicher über die Straße zu gehen, denn sie »sehen«, wenn Kinder in der Nähe sind.

Es gibt viele Parks und grüne Dächer auf den Häusern, um die Luft sauber zu halten und uns alle abzukühlen. Viele Häuser haben kleine Wind- oder Solaranlagen und produzieren ihren eigenen Strom.

Bildnachweis:
Cover: © stock.adobe.com: Slow Area, M_G_Celal / Shutterstock.com
Hintergründe und Papiere: © stock.adobe.com: Aleksandr Gladkiy, AntonKhrupinArt, BAIVECTOR, Brad Pict, Chor muang, Crtreasures, Elena, happyvector071, j-mel, Jan Engel, kichigin19, Kusandra, patthana, LADIE_PASTEL, kristina rütten, OpenDesigner, picoStudio, Premium_art, SimpLine, Svetlanais, t1m0n344, Wall-paper BD, WoGi; 32 pixels / Shutterstock.com
Inhalt: © stock.adobe.com: S. 1: Slow Area, S.2: Prihantoedi, Aleksandr Gladkiy, 은정 최, dottedyeti, S.3: Limpreom, artist hub, bendicion, S.4: cs-photo, artbalitskiy, Fredy Sujono, VAKSMANV, S.5: illustratiostock, poppystyle, Pixel-Shot, Stone Story, chungking, Fredy Sujono, Elena, artbalitskiy, Andrey, S.6: Engel73, claer, by-studio, Morphart, S.7: viktorijareut, drutska, picoStudio, 碧 紀平, S.8: De-cobrush, fendy, Павел Костенко, aluna1, S.9: sewonboy, ubel Hossan, S.10: by-studio, di-medrol68, TheFinalMiracle, Hanna_zasimova, New Africa, Atlas, Tomas Ragina, Budimir Jevtic, S.11: Stockgiu, Victoria, Sergey Oganesov, Ayamap, S.12: Azat Valeev, DOC RABE Media, S.13: eyewave, C. A. Jensen- Pulkovo Observatory at Sankt Petersborg, gemeinfrei, S.14: Thor Jorgen Udvang, GreenSkyStudio, Sandy Schulze, AKO, S.15: Sensvector, Zizo, Oleksandrum, S.16: fotoart111, sunt, Rob Stark, Ahmad, S.18: pixelklex, Kaz, Mint Fox, by-studio, eyewave, logistock, S.19: 은정 최, S.20: Ripa Roy, Pascal Halder, Svitlana, Andrey, sudowoodo, hakan, S.21: Habib, nadzeya26, Vita, warmworld, anuwat, Vector Jungle , sahe-ra, FARBAI, Sk, S.22: Alis Photo, Gustavo Andrade, Sashkin, S.23: top dog, santima.studio, Miceking, Volodymyr, S.24: Monster Ztudio, offsuperphoto, Олейник Александр, S.25: desig-ner_things, Maren Winter, S.26: kotoyamagami, Tartila, barneyboogles, UA Creative, S.27: ST.art, Maksym Yemelyanov, S.28: accogliente, атьяна Гончарук, DesignPitstop, colorfun, GN.STUDIO, S.29: Vadim, destillat, Atlas Illustrations, Cobalt, YummyBuum, S.30: Rita, opka, Wallpaper BD, Limpreom, S.31: stockshoppe, S.32: Shalitha Ranathunge, S.33: fredmantel, SAMYA, S.34: BAIVECTOR, Kusandra, Elena, S.35: Anna, SlothGraphics, Butch, mchebby, S.36: Ste-pan Bormotov, Stephen Sweet, ProstoSvet, EchoDesign, S.37: nicoletaionescu, ZKH studio, Julia, Juulijs, S.38: Hasib, Kusandra, virinaflora, ribkhan, S.39: Prihantoedi, yichao, S.40: Kusandra, Pickoloh, S.41: ttae, Julien Eichinger, Ikiry GR, by-studio, Oleg, S.42: ST.art, top dog, Denys, S.43: Md, vladwel, ViennaFrame, S.44: iiierlok_xolms, matsu, S.45: Gresei, Gen-komono, Mimi Potter, S.46: elenabsl, MooseD, S.47: klyaksun, Olena, Thomas Häfner, S.48: Alex, Man As Thep, SunnyS, Patrice, bddesigner15, S.49: Sergiy Serdyuk, ssstocker, Veroni-ca, Allen, Ammit, dell, Anselm Baumgart, Africa Studio, Serhii, S.50: svetlanais, Lisla, Piotr Krzeslak, Orapun, byherline, S.51: Markus Volk, Ninel_S, Custom Scene, wenda, dian's, Anja Kaiser, aura, S.52: studybos, AyKayORG, Lennjo, RetroDepot, stianah, Valerii Kaliuzhnyi, the8monkey, Robin, unpict, Chris, S.53: cloud7days, He2, aleksangel, Engel73, skitchy, Eric Isselée, abet, stockphoto mania, Martin, Erni, DOERS, Arsalan Sami, harmantasdc, NesaCe-ra, S.54: Orapun, loki Fotos, Randall Reed, S.55: Abul, Apart Foto, Taleseedum, Malik E/peopleimages.com, S.56: baluchis, Refluo, Oatkhaphon, mizina, GraphicsRF, pikovit, S.57: La Gorda, logo3in1, happyvector071, Marty's Art, S.58: Daniel Etzold, undrey, Iryna, gangster9686, peterschreiber.media, natali_mis, S.59: deviney designs, Jean-Paul Comparin, photoschmidt, Ingo Bartussek, Alexander Raths, famveldman, galkinkirill, Olga Moonlight, S.60: alejomiranda, cartoon-IT, Morphart makyzz, S.61: Artster, artist hub, darwin, S.62: kichi-gin19, nanisimova, grey, ivandanru, janny2, Ameria, S.63: ilyakalinin, Mykyta, Vikivector, ma-yalis, nazar12, AD, S.65: Oleksandr Pokusai, BonkersArt, S.66: thongchainak, YummyBuum, vectorsanta, Retouch man, S.67: ndrii A, vladwel, Tamiris, S.68: lumen-digital, Jocelyn_Flores, S.69: Sandip, anatolir, Tartila, sanee, Sashkin, S.70: Nouval, Anshuman Rath, elena_garder, anatolir, S.71: Jocelyn_Flores, Anna, Yuri Schmidt, S.72: UtsoMondal, Moribuz Studio, Daria, Wise ant, VectorMine, S.73: M, Blitz, Lumarmar, VectorMine, S.74: tutti_frutti, TDHster, osztya, Hanoi .s, SlayStorm, Galih Studio, S.75: PCH.Vector, Juulijs, crtreasures, firewings, S.76: blueringmedia, Andreas Wass, Massimo Santi, S.77: alice_photo, lindwa, S.78: ssstocker, Ammit, S.79: Henry Schmitt, S.80: Serhii, Christos Georghiou, schlaumal, S.82: Victoria, Hein Nouwens, j-mel, SimpLine, PureSolution, S.83: Flash Vector, ndomble, kanchan-rani, colorfun, Golden Sikorka, S.84: Morphart, Fatih, Ljupco Smokovski, S.85: Creative Image, marikova, ~ Bitter ~, industrieblick, voyata, Hans-Jörg Nisch, Pixelbuddha Studio, Ali, S.86: AliaksaB, Nandalal, S.87: Jan Schuler, Md Ruhul Amin, S.88: koray, S.89: HASSANE, fiore26, Oleksandr, S.90: bilderzwerg, guukaa, S.91: faber14, Ghani, Golden Sikorka, S.92: haru_natsu_kobo, carlos perez gomez, Neda Asyasi, Sunset Paper's, S.93: Daan, Milena Wi, Fokke Baarssen, Sunset Paper's, Arun, Mongkolchon, ssstocker, Luminara, S.94: Sa-scha Wilsrecht. Raimundas, S.95: xiaoliangge, bescec, fotografiedk, solovecotor, S.96: Julien Eichinger, logistock, logistock, djdarkflower, Oleg, S.97: Angela Ksen, Little Monster 2070, aprint22com, ledokol.ua, Daniel Berkmann, Popova Olga, afxhome, faber14, S.98: HardWork, S.99: dottedyeti, designprojects, Atthasit, Gorodenkoff, S.100: endstern, Stefan Müller, Ranimi, S.101: erna, ErenMotion, petovarga, S.102: lightgirl, Hein Nouwens, Morphart, Ide Sa-toshi, Kiselov, S.103: Saint Images, S.104: vectorwave, Microstocker.Pro, bendicion, S.105: 3d_kot, Анастасия Жильцова, Macrovector, Monster_Design, S.106: nWin artlab / Shutterstock.com, S.107: Pepermpron, Kadmy, S.108: Jarama, erhard Seybert, Oleg Totskyi, Miljan Živković, fotografiedk, Ammak, S.109: axepe, eshma, Patrick Louvet, S.110: AntonKhrupinArt, Rawpixel.com, Robert, aleksei_derin, apinan, S.111: AI Stock House, dottedyeti